메이크업디자인

Work Book

메이크업 국가기술자격시험 실기패턴 수록

이 책을 내면서

메이크업 아티스트는 메이크업 목적에 적합한 예술적 아이디어를 다양한 메이크업 테크닉을 활용하여 인체에 시각화하는 작업을 통하여 완성한다. 이를 위해 아이디어 발상을 통한 메이크업 디자인 프로세스에 의해 체계적이고 통합적인 사고로 독창적인 디자인을 창출해야한다.

메이크업을 통해 아름다움에 대한 특정 이미지와 정보를 전달하기 위해, 다양한 표현 기법과 재료를 활용한 그리기 능력을 개발해야하며 실전메이크업에서는 아이디어 스케치, 자료수집을 통한 이미지 맵 작성, 컬러링, 메이크업 실습 등의 과정을 거치게 된다. 이런 일련의 작업 과정들은 인체를 대상으로 하는 바디아트의 한 부분이다.

이런 현실을 바탕으로 메이크업을 전공하는 학생들과 실무자들이 다양하고 핵심적인 메이크업 패턴 드로잉 실습을 통하여 실전에서의 활용도와 현장 메이크업의 효율성을 높일 수 있도록 교육현장에서 메이크업 교육을 담당하고 있는 메이크업 교수들이 주축이 되어 본 교재를 제작하게 되었다.

본서는 메이크업디자인 워크북을 활용하여 실전에서 필요한 메이크업의 기본스킬부터 메이크업의 다양한 디자인구상 및 아이디어 스케치가 가능하도록 총 5장으로 나누어 구성하였다.

Ⅰ장에서는 기초드로잉으로 연필을 이용하여 여러 가지 선과 면, 입체감을 표현할 수 있도록 구성하였다.
Ⅱ장 기본메이크업 에서는 메이크업을 처음 공부하는 학생들이 기초메이크업을 좀 더 쉽게 이해하고 빠른 시간 내 익힐 수 있도록 얼굴의 황금비율 부터 베이스메이크업 아이메이크업, 립&치크 메이크업의 드로잉을 실습 할 수 있도록 구성하였다.
III장에서는 메이크업 국가기술자격 실기시험을 대비하여 1과제 뷰티 메이크업 4가지 패턴, 2과제 시대메이크업 4가지 패턴, 3과제 캐릭터 메이크업 4가지 패턴, 4과제 속눈썹 익스텐션과 미디어수염 2가지 패턴으로 구성하여 국가기술자격 실기시험을 준비하는데 전 과정의 직접적인 패턴연습이 가능하도록 구성하였으며,
IV장 아트메이크업 디자인 챠트에서는 다양한 아트메이크업 디자인 챠트를 제공하여 창의적이고 독창적인 작업의 아이디어를 메이크업 챠트를 통해 구현하므로 실제적인 작업에 활용할 수 있도록 구성하였으며,
마지막 V장에서는 메이크업 디자인 작업을 위한 응용패턴으로 구성하였다.

본서가 미용관련 대학 및 미용교육 현장의 학생 및 메이크업 실무자들에게 기본메이크업 부터 실전메이크업, 아트메이크업을 익히고 구현하는데 소중한 자료로 활용되기를 바라며, 끝으로 일러스트레이션 작업에 함께해 주신 최성훈, 권하나, 김예빈 님과 출판되기까지 지원을 아끼지 않으신 도서출판 청구문화사 이상태 사장님께 깊은 감사의 뜻을 전하고자 한다.

2023년 2월

집필진 일동

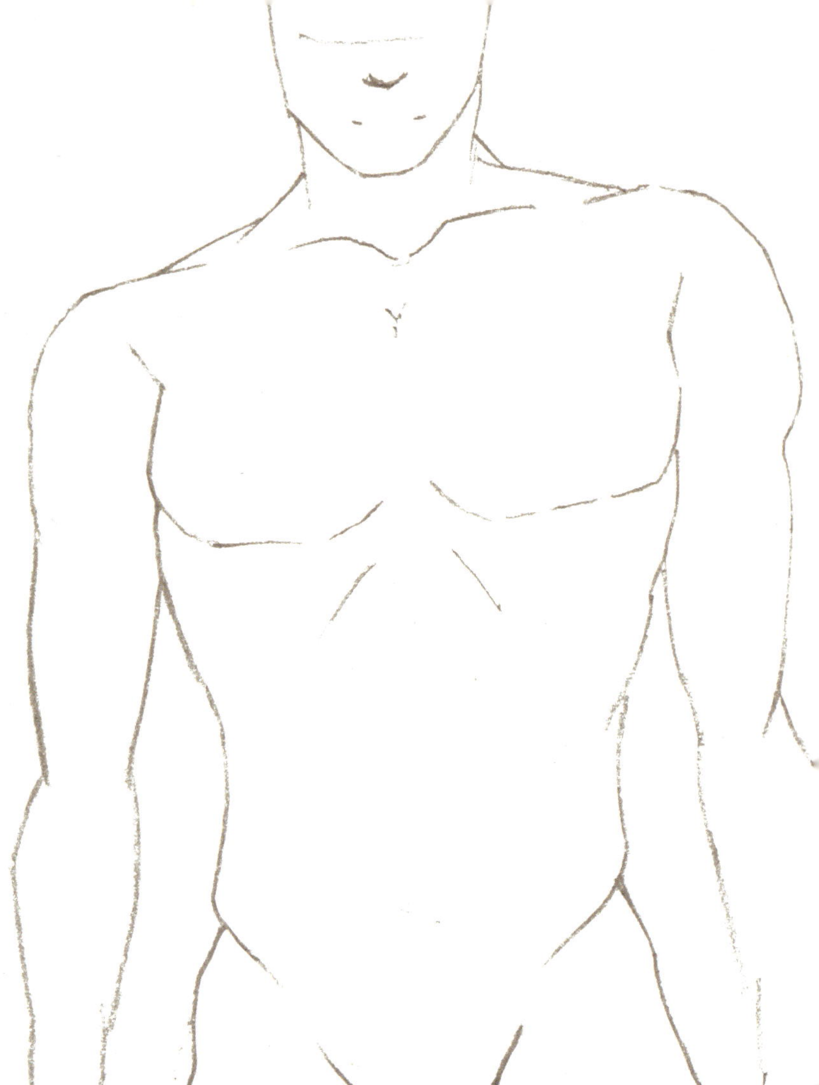

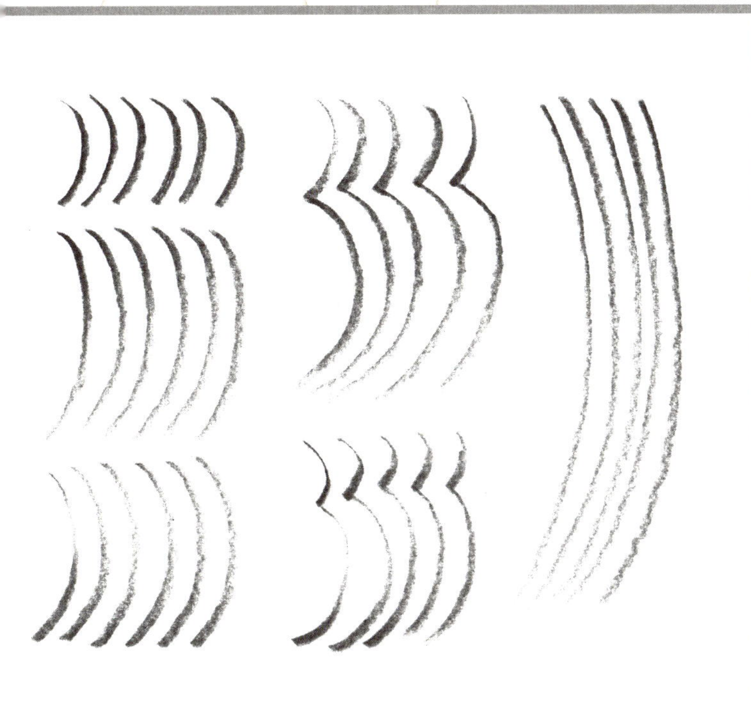

Ⅰ장 Drawing & Basic

Ⅱ장 기본 메이크업(Basic-Makeup)

I 장 Drawing & Basic

1. 선과 톤의 표현
2. 여러 가지 선의 변화와 효과

제1장. Drawing & Basic

1. 선과 톤의 표현

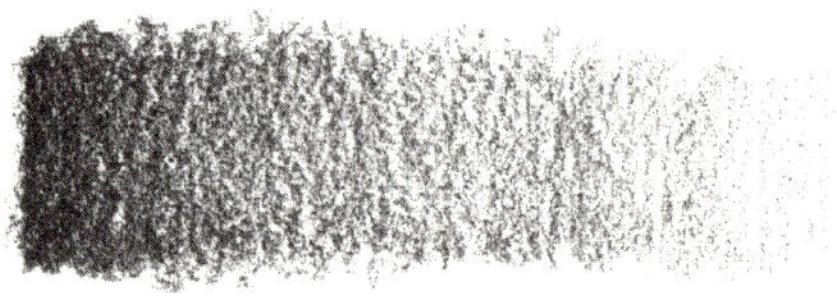

명도가 낮은 부분에서 높은 부분으로

명도가 높은 부분에서 낮은 부분으로

중간에 명도가 낮은 표현

날카롭고 굵기가 약한 선

넓고 투박한 선

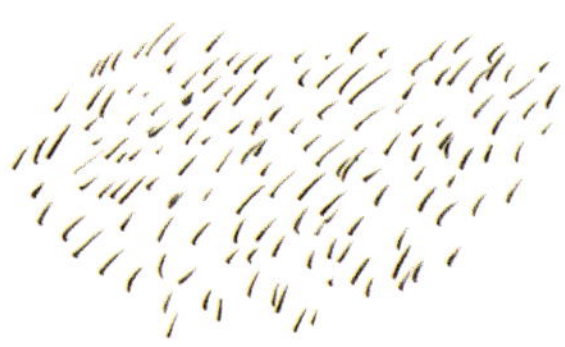

점과선의 변화

강약을 준 선

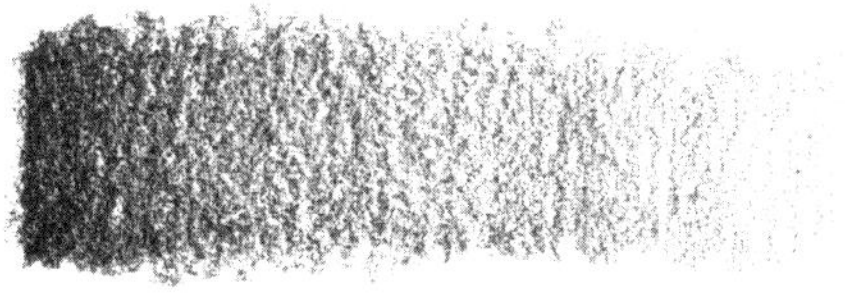

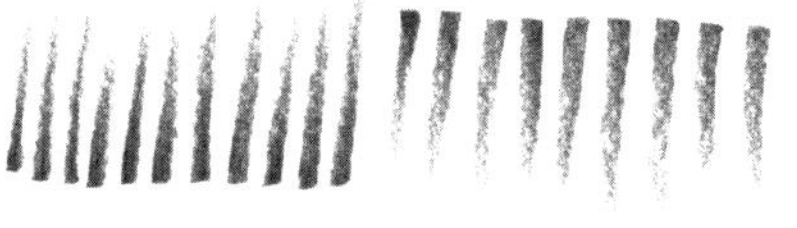

2. 여러 가지 선의 변화와 효과

Ⅱ장 기본 메이크업(Basic-Makeup)

1. 얼굴의 황금비율

2. 베이스(Base) 메이크업

3. 아이(Eye) 메이크업
   1) 아이브로우
   2) 아이섀도우
   3) 아이라인

4. 입술(Lip) 메이크업

5. 치크(Cheek) 메이크업

6. 얼굴형에 따른 수정 메이크업

1. 얼굴의 황금비율

정면에서 본 얼굴의 황금비율 측정

계란형(Oval Face)

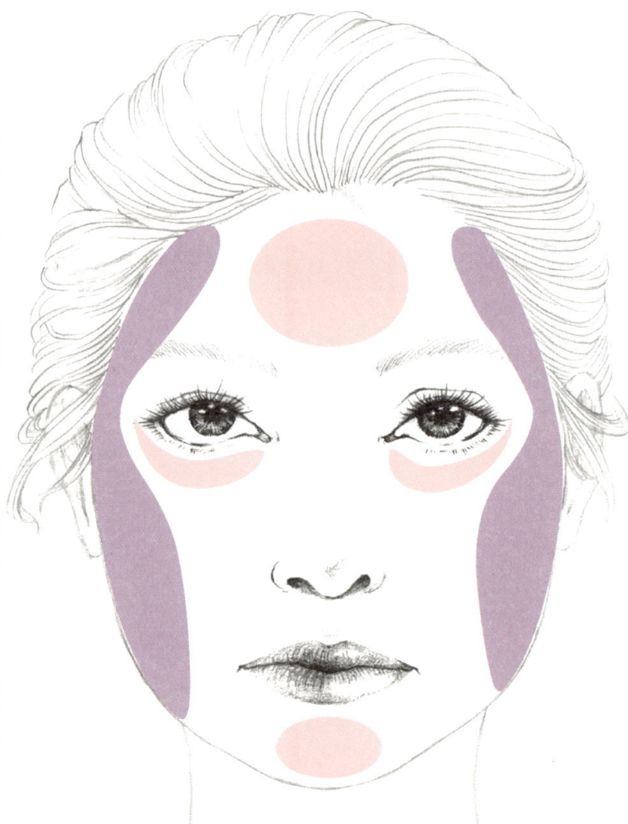

둥근형(Round Face)

역삼각형(Uninverted Triangular Face)

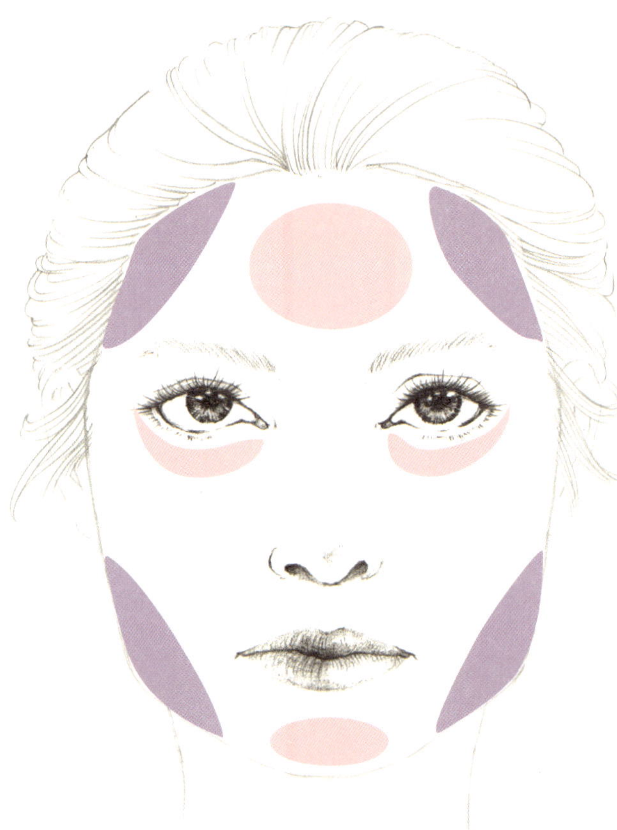

사각형(Square Face)

2. 베이스 메이크업

- 얼굴을 수정하기 위한 베이스 메이크업

Highlight : 강조하고자 하는 부위에 시선을 집중시키며 입체감을 주는 가장 밝은 색조

Contour : 하이라이트와 대비되어 입체감과 깊이감을 주기위한 어두운 색조

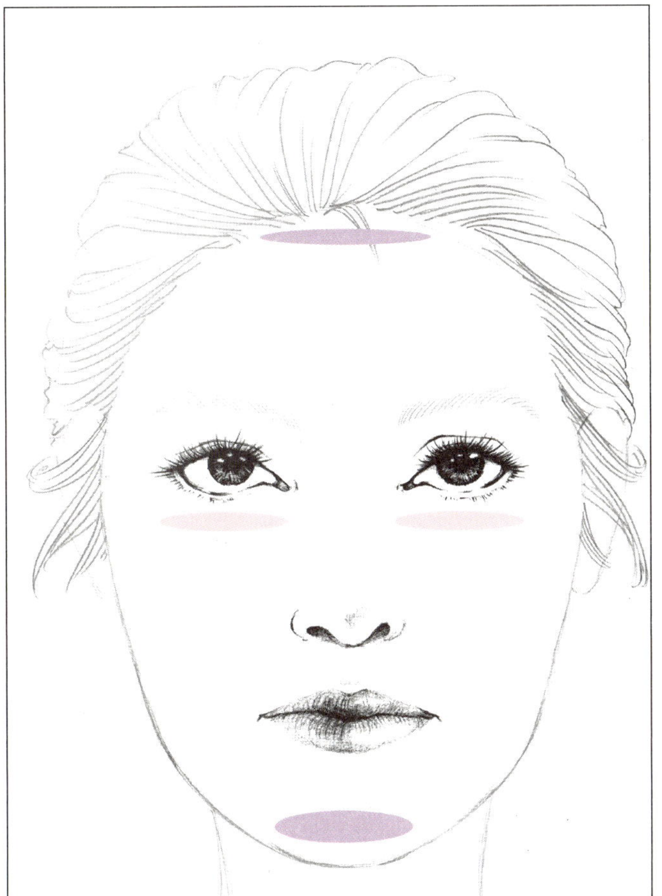

긴형(Elongated Face)

다이아몬드형(Diamond Face)

계란형(Oval Face)

얼굴형별 베이스 메이크업

역삼각형(Uninverted Triangular Face)

둥근형(Round Face)

긴형(Elongated Face)

사각형(Square Face)

다이아몬드형(Diamond Face)

3. 아이(Eye) 메이크업

1) 아이브로우 메이크업

(1) 기본형

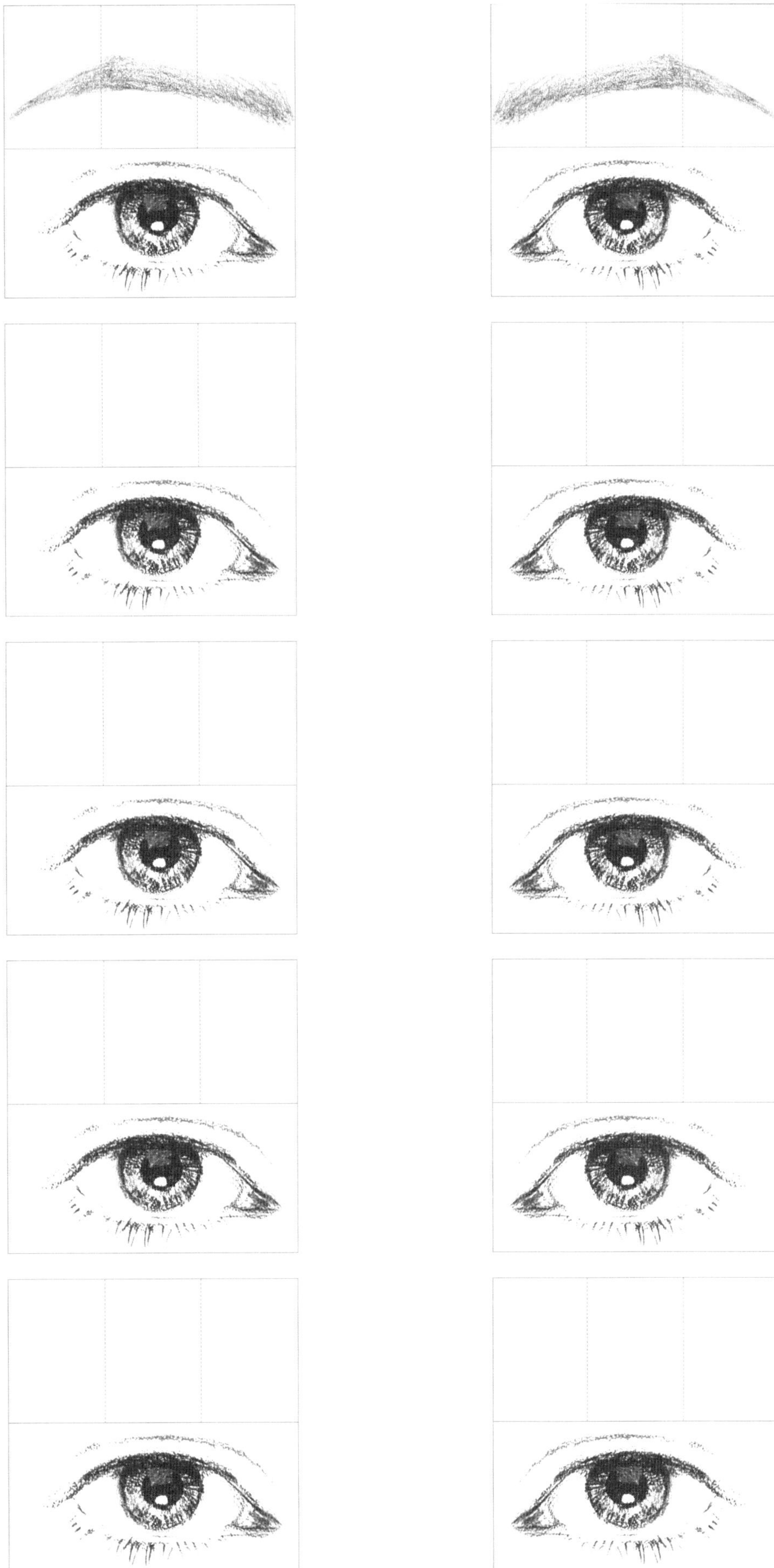

(2) 각진형

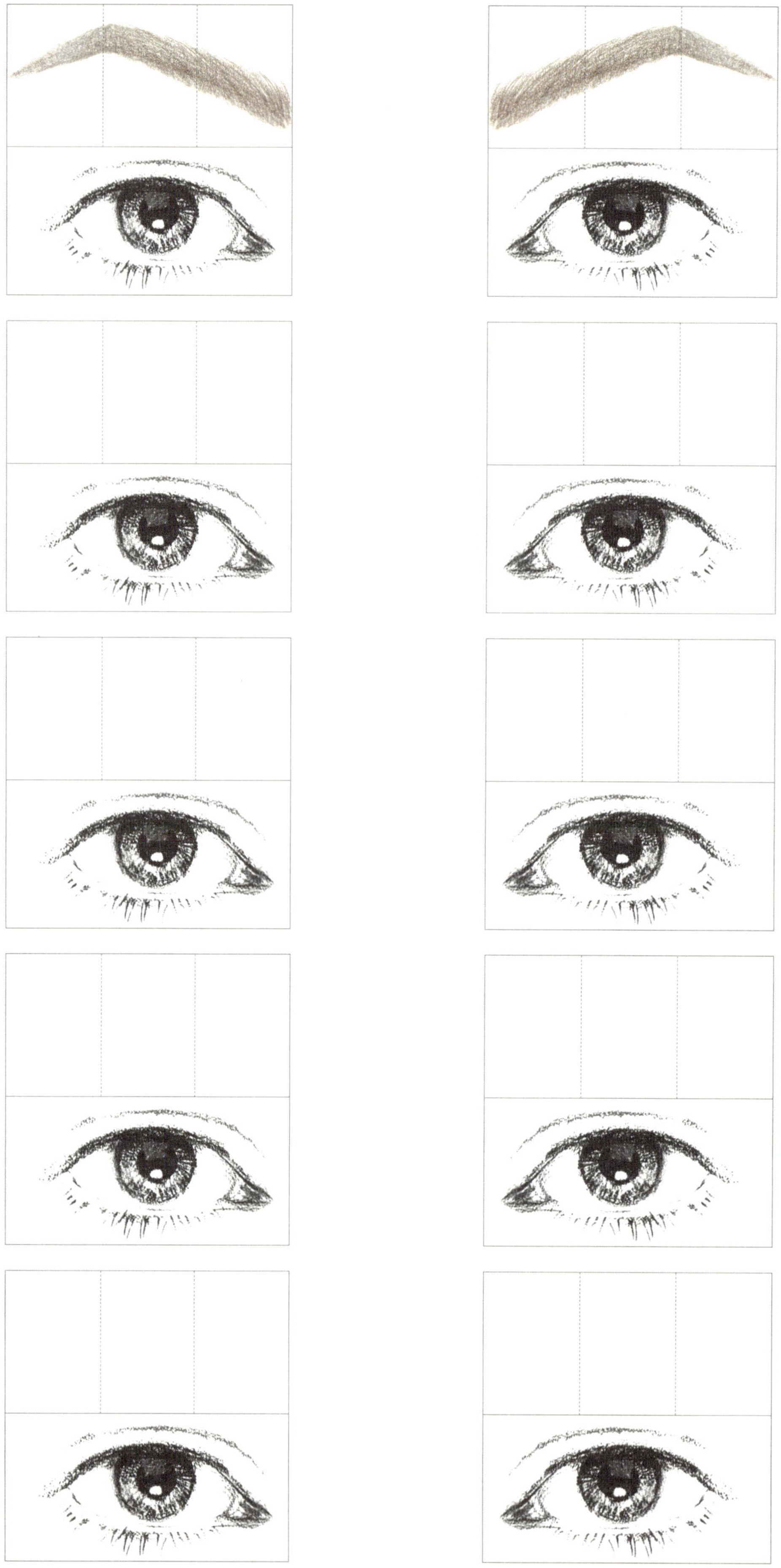

(3) 화살형

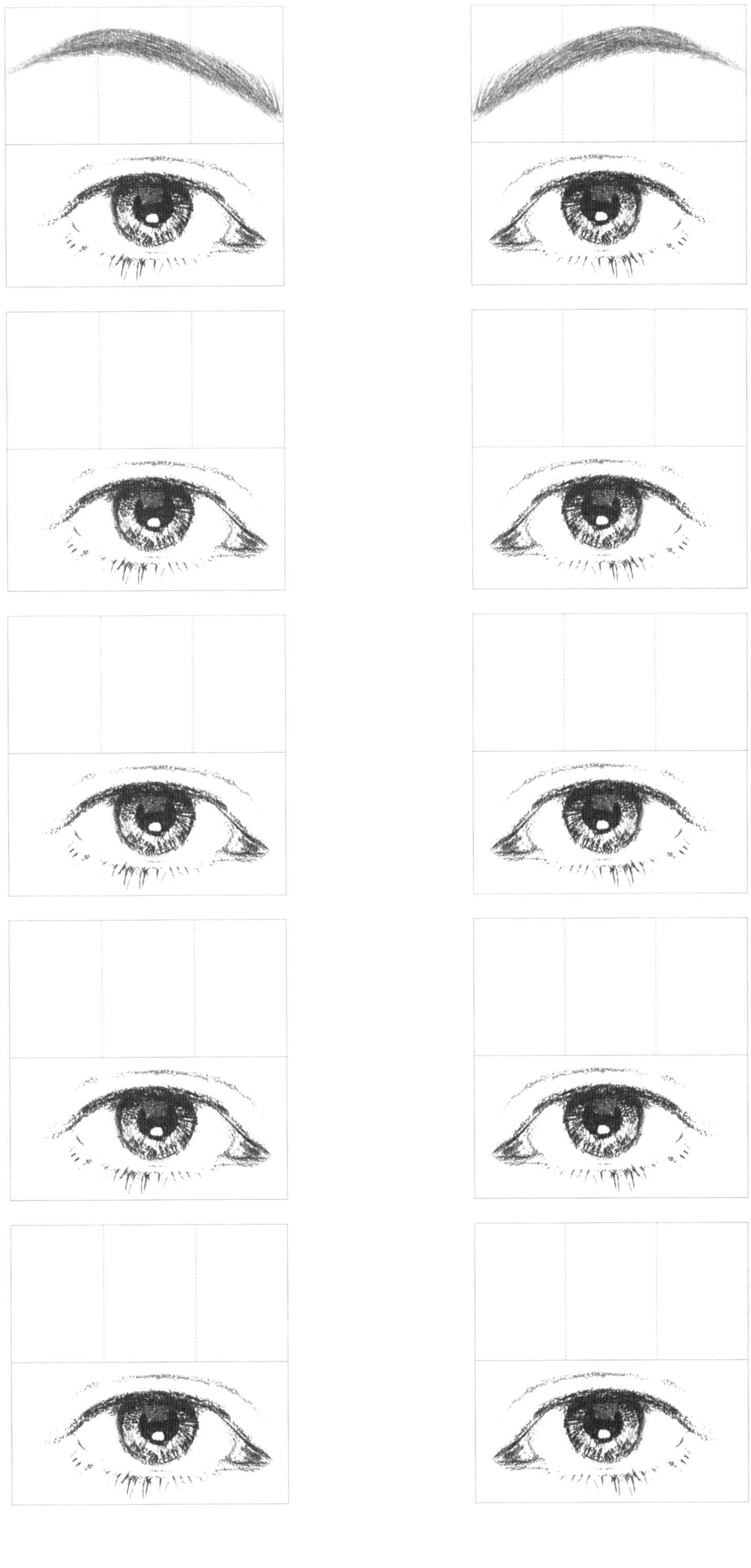

(4) 아치형

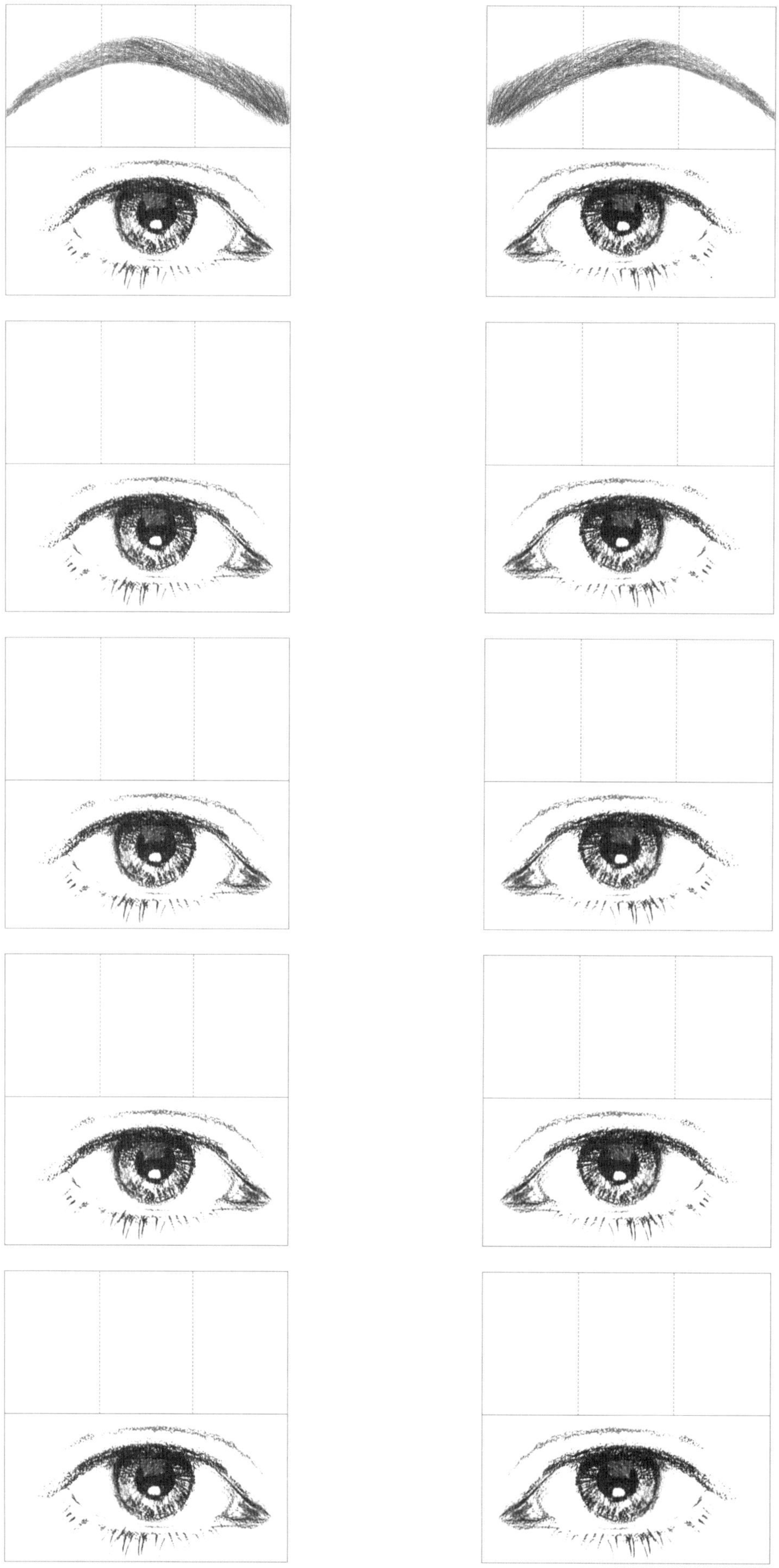

(5) 일자형

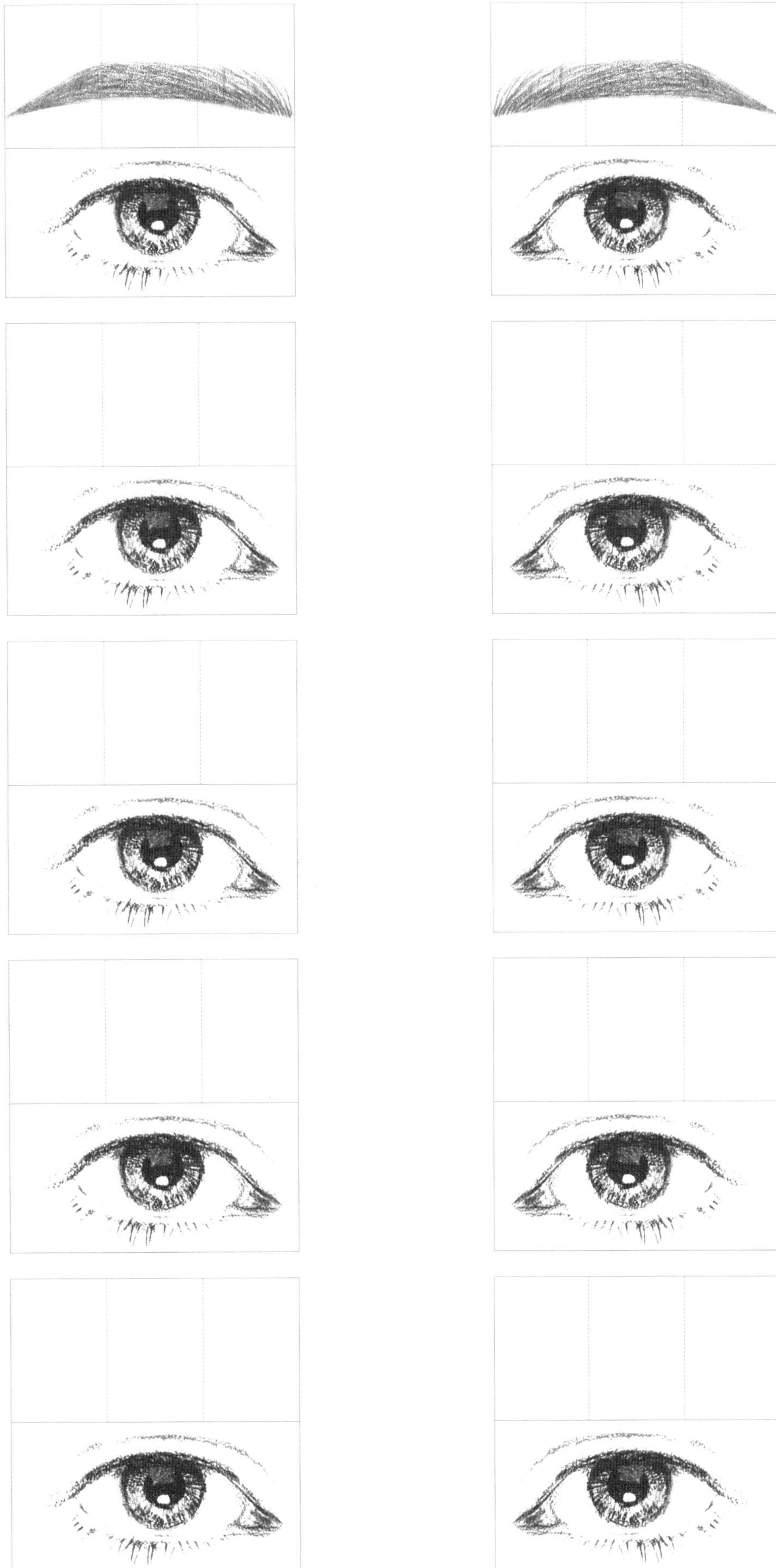

2) 아이섀도우

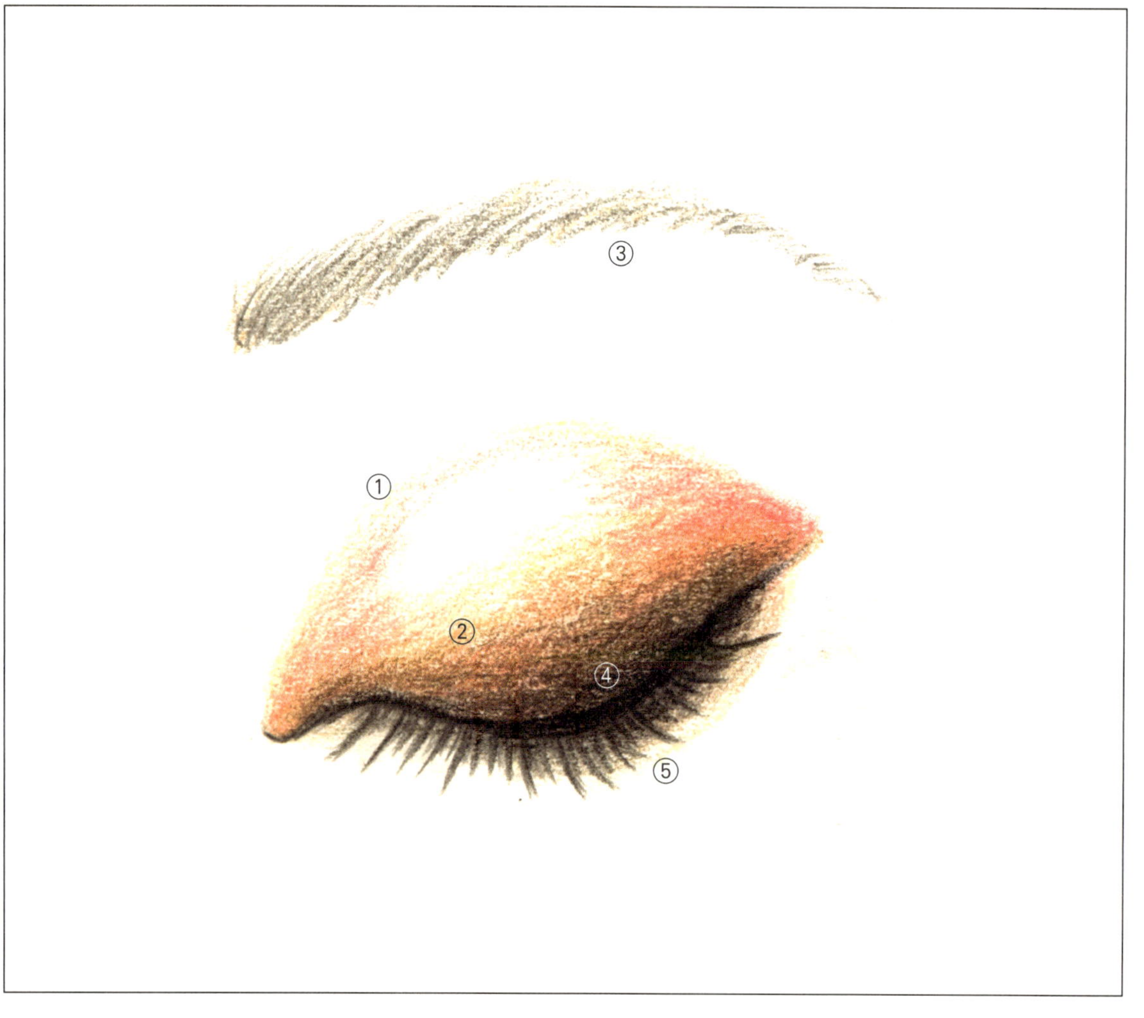

① Base Color

② Shadow Color

③ Highlight Color

④ Accent Color

⑤ Under Color

(1) 프레임 기법

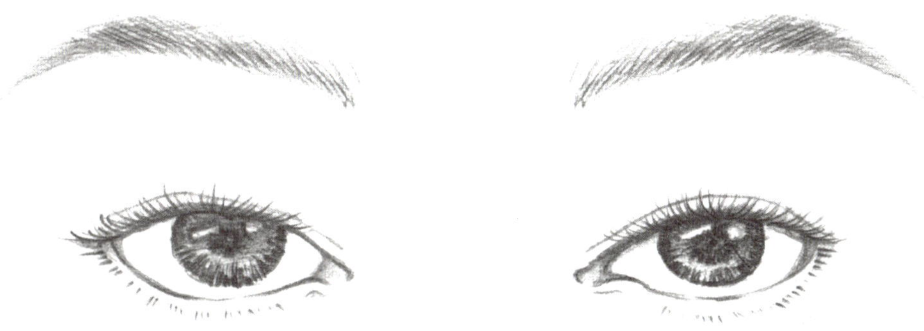

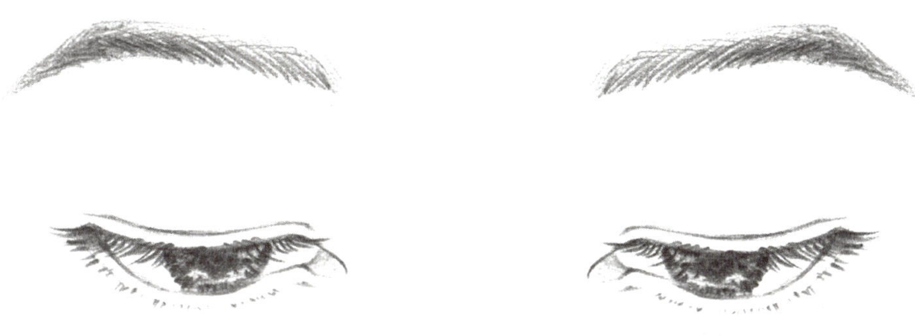

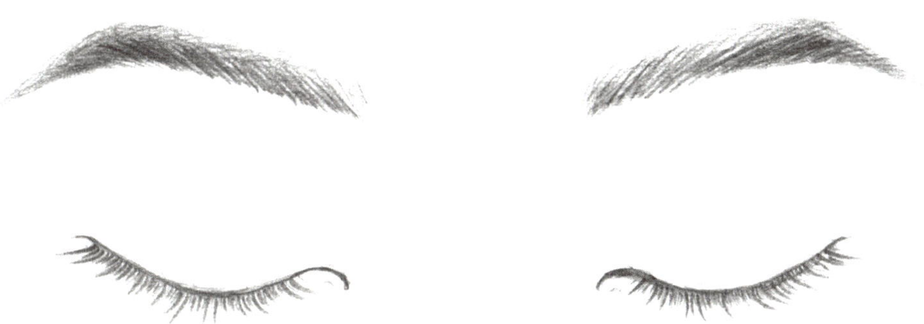

(2) 아이홀 기법 - 1

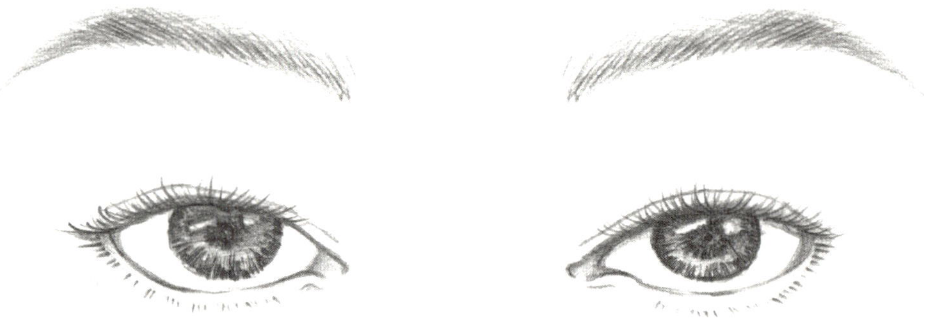

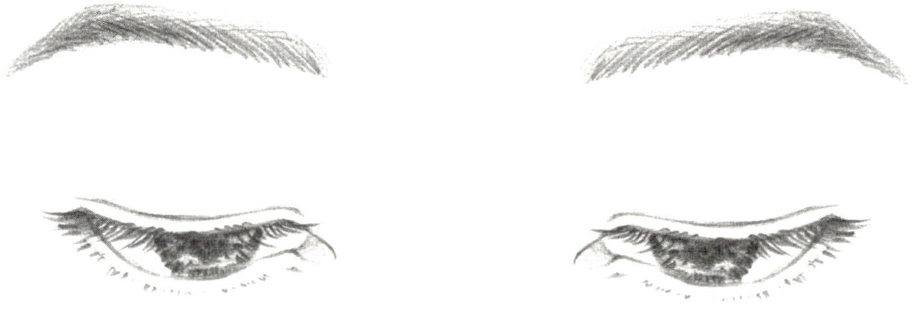

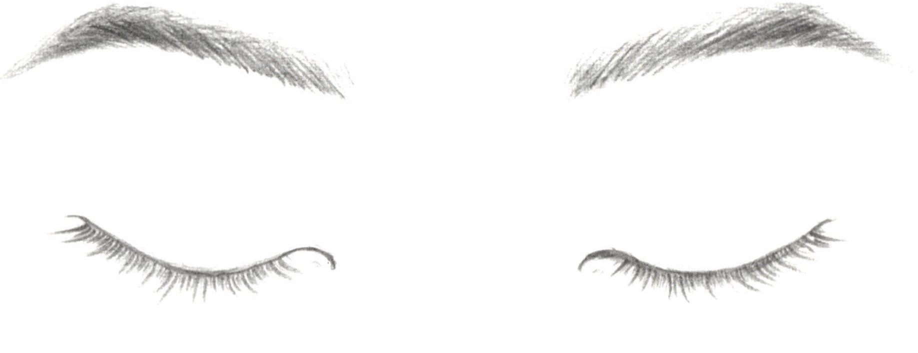

(3) 아이홀 기법 - 2

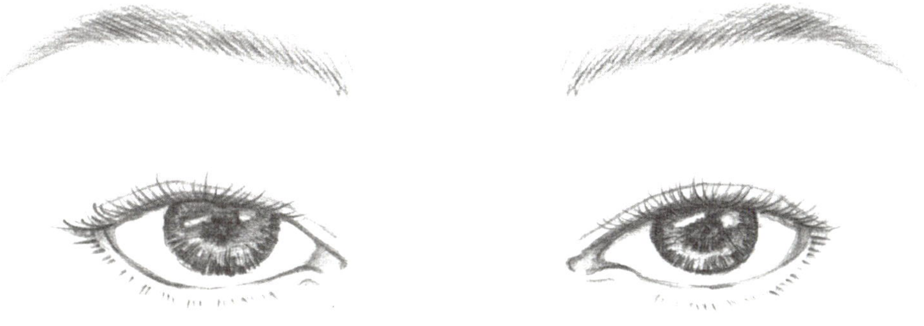

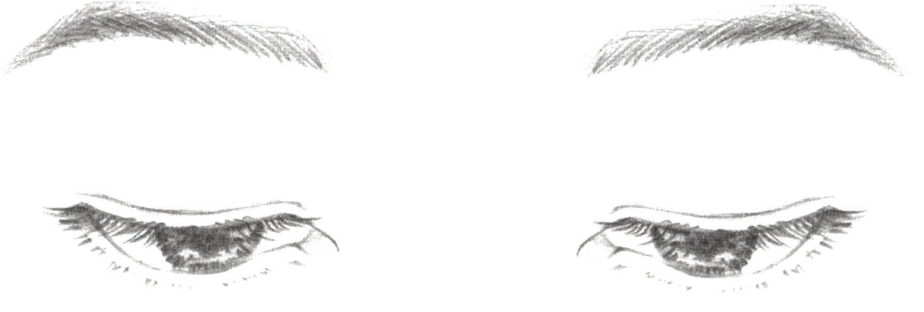

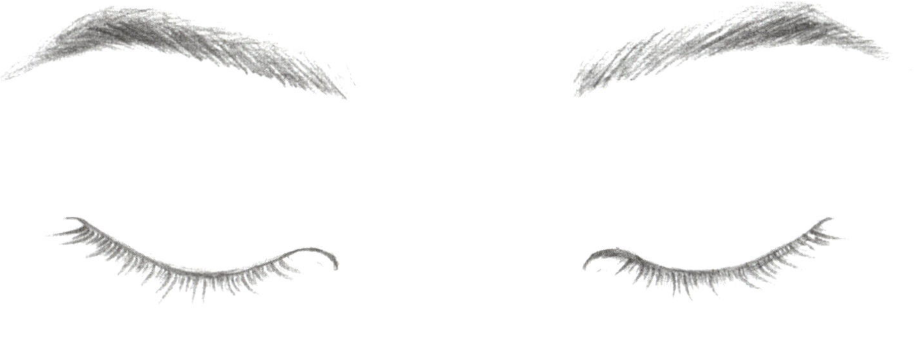

(4) 아이홀 기법 - 3

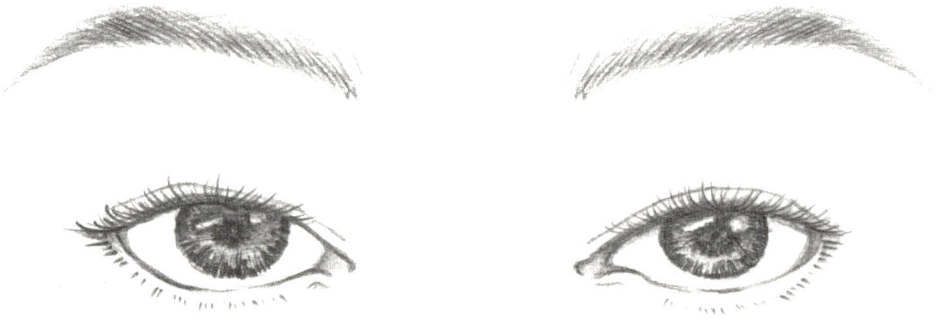

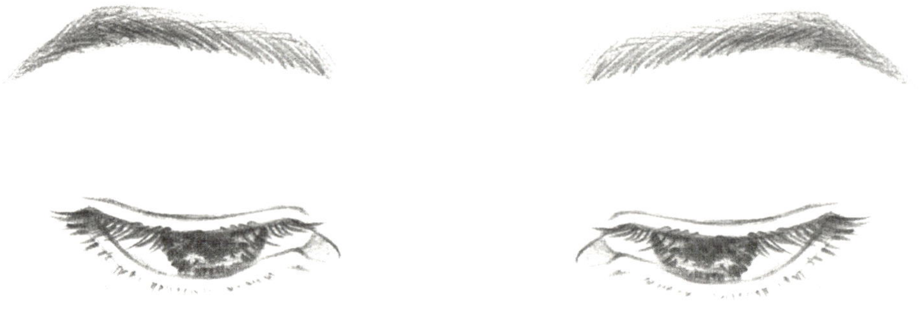

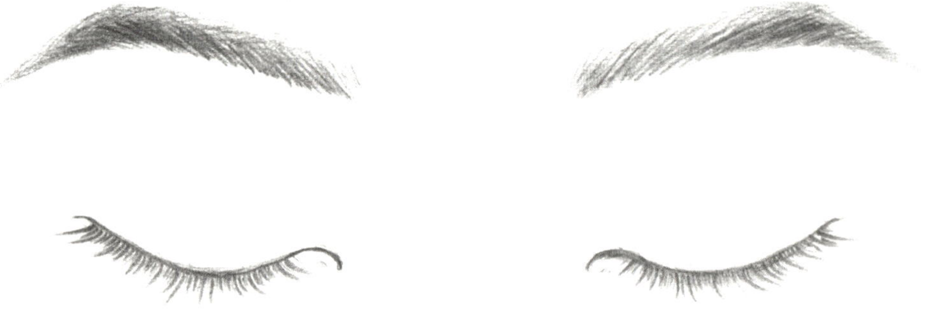

(5) 아이홀 기법 - 4

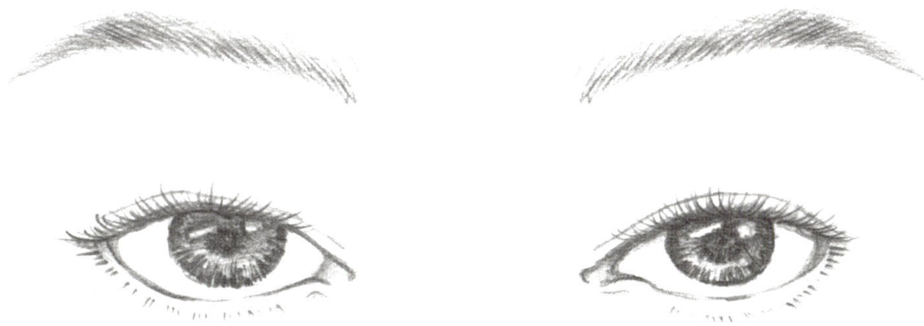

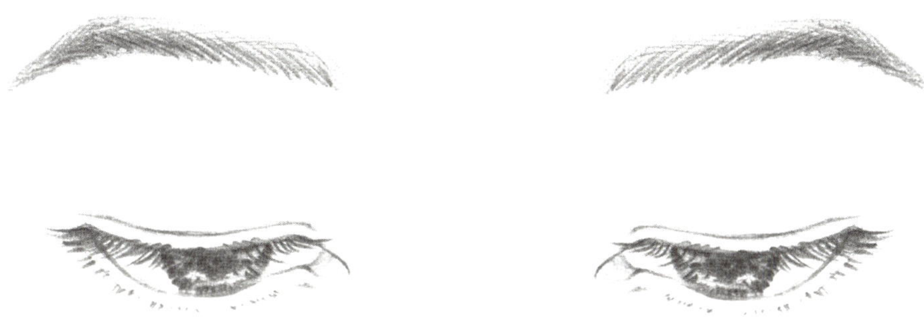

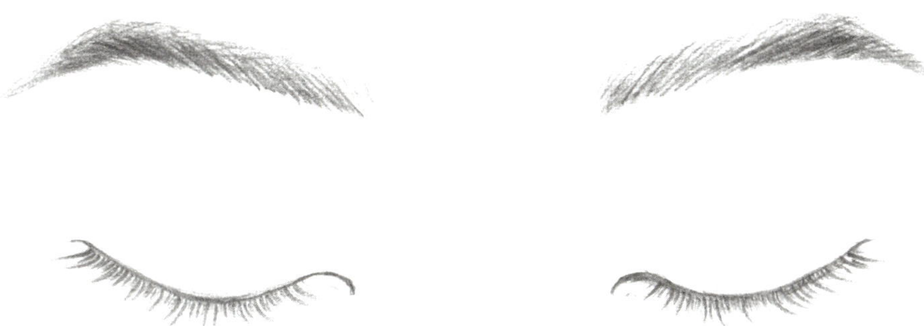

(6) 아이섀도우 실습 패턴

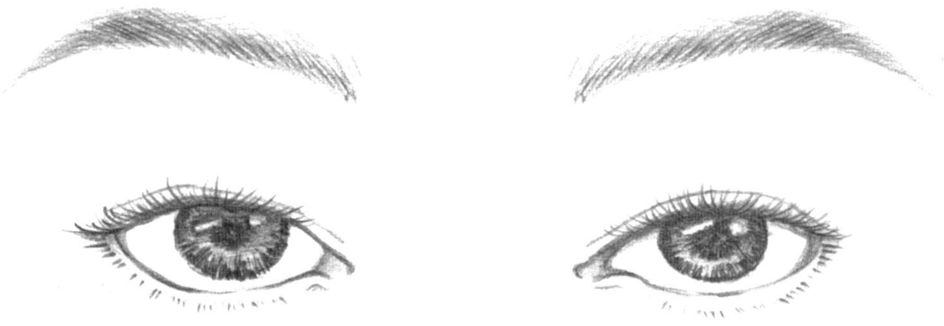

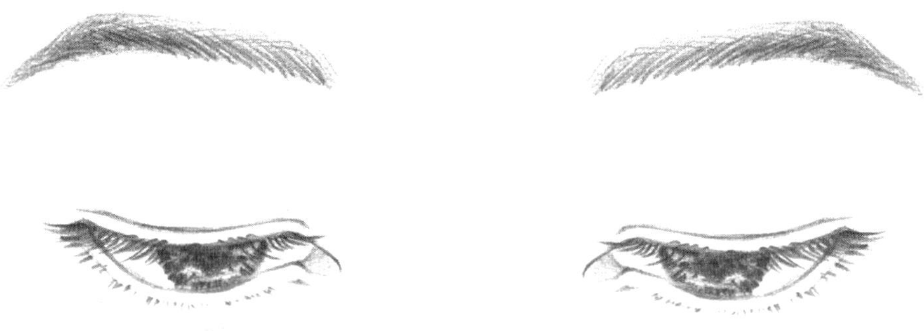

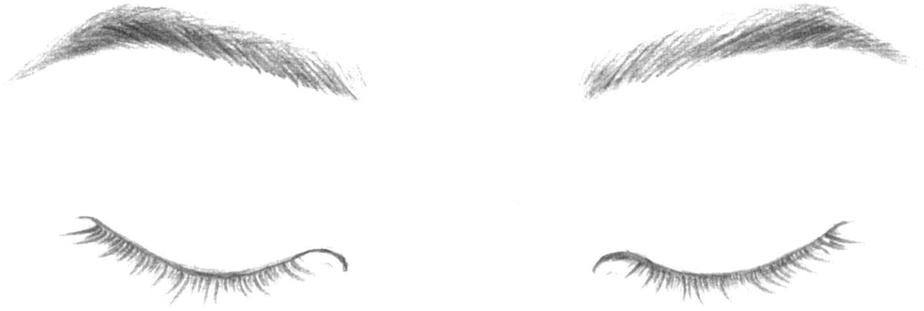

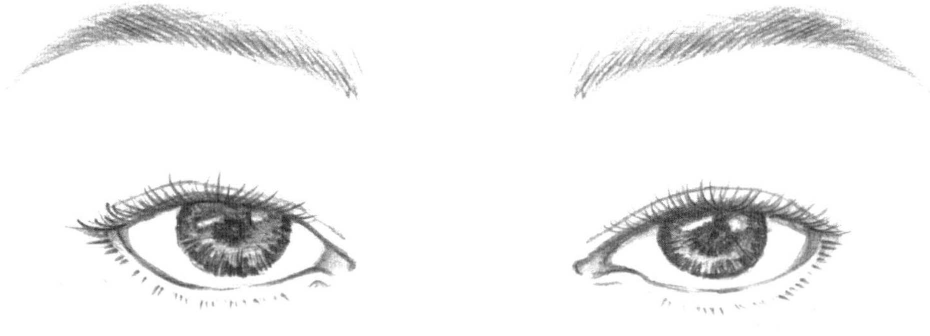

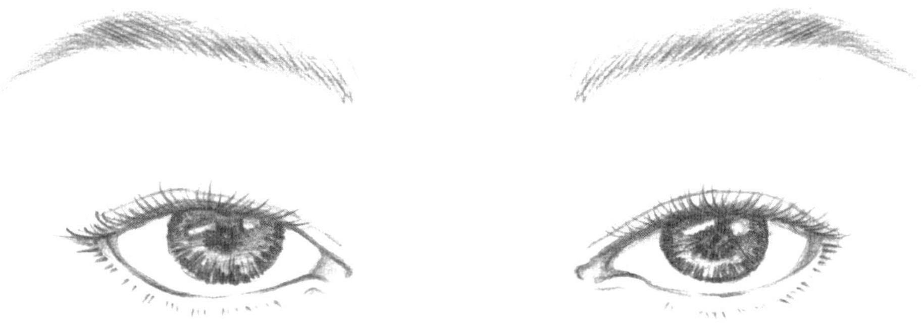

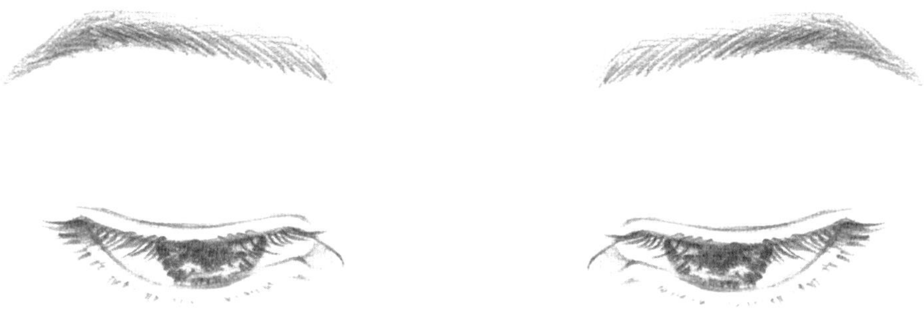

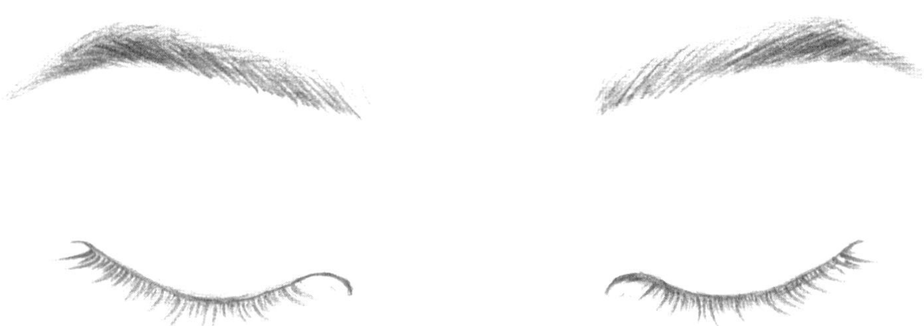

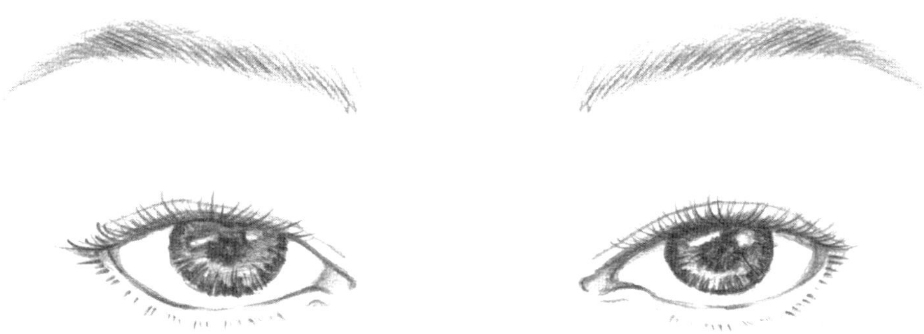

(7) 눈의 형태에 따른 수정 아이섀도우

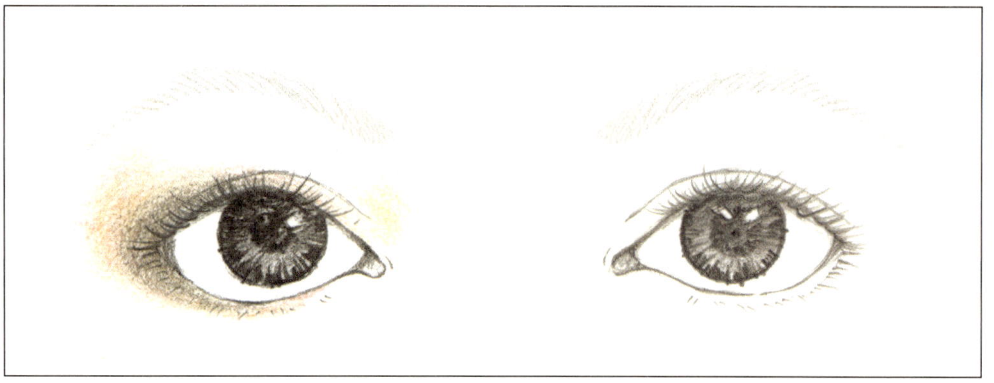

① 크고 둥근 눈

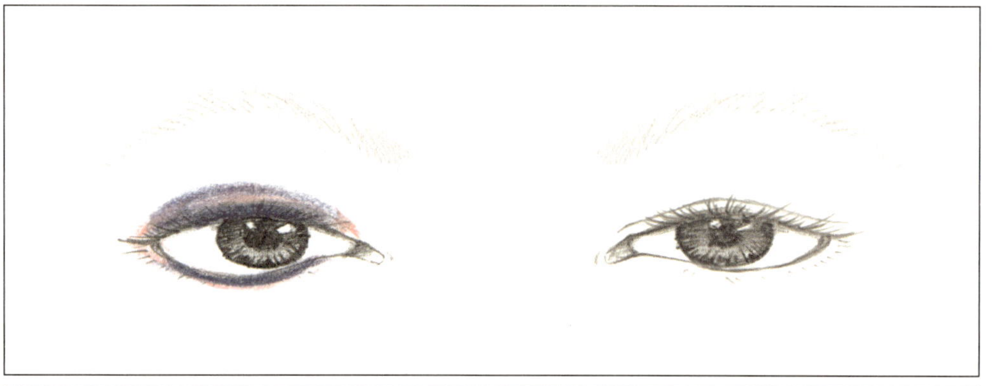

② 가는 눈

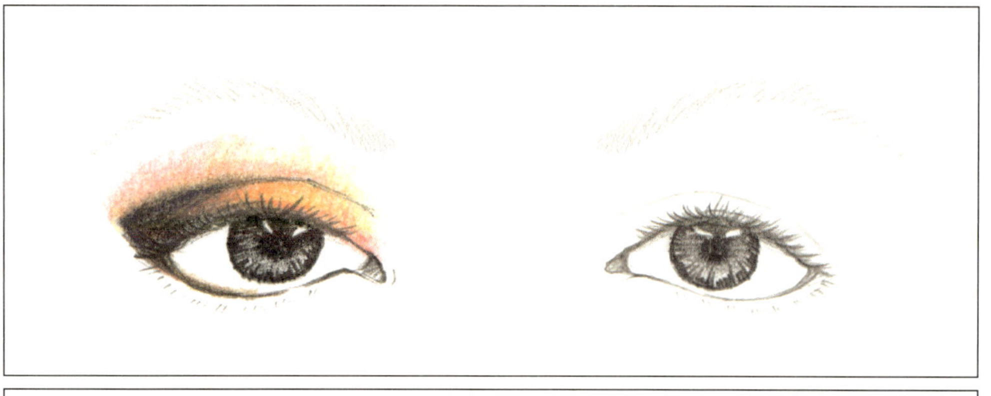

③ 눈꼬리가 처진 눈

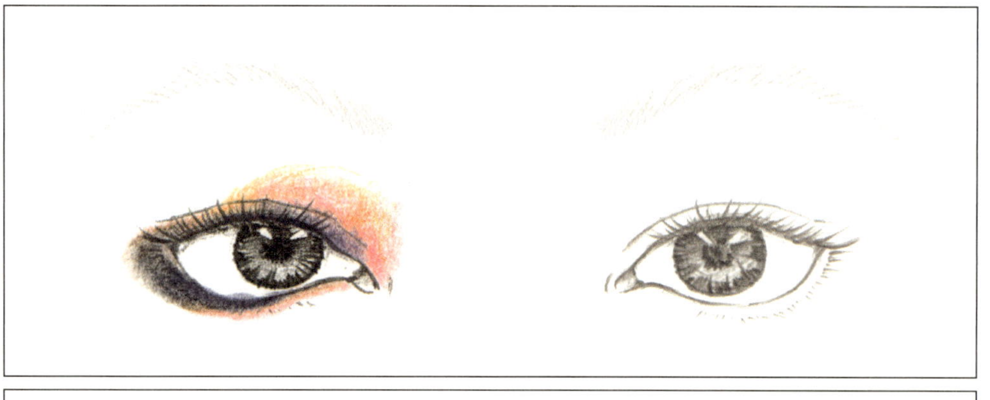

④ 눈꼬리가 올라간 눈

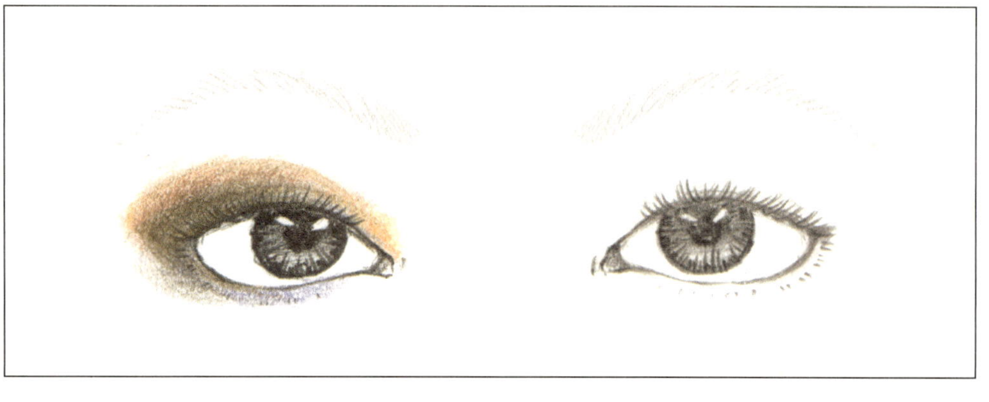

⑤ 두툼한 눈

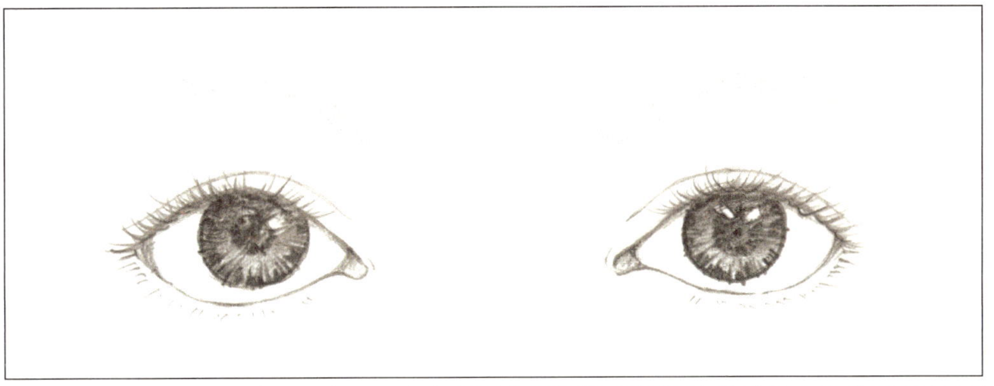

① 크고 둥근 눈

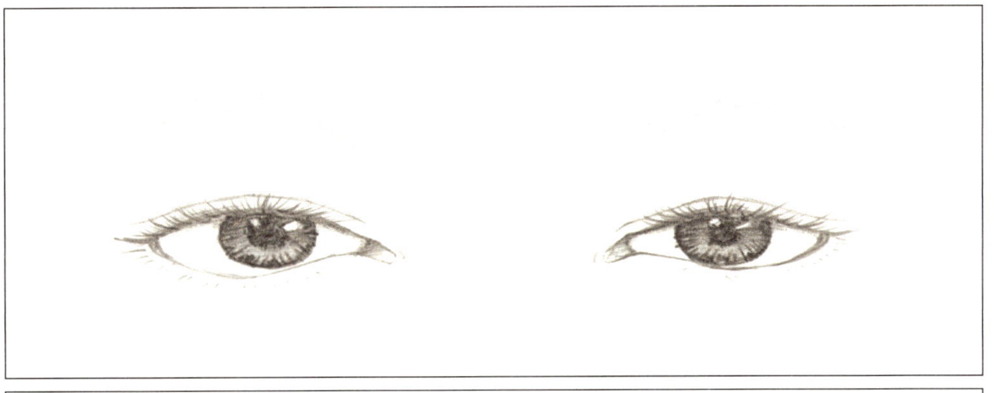

② 가는 눈

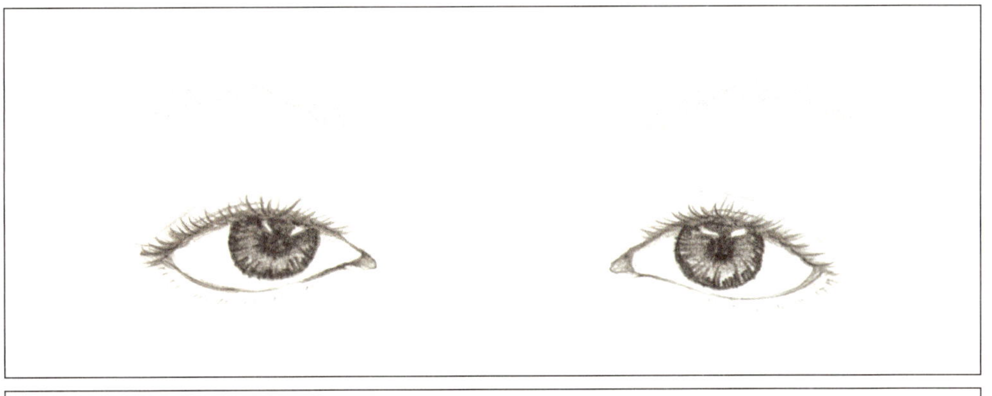

③ 눈꼬리가 처진 눈

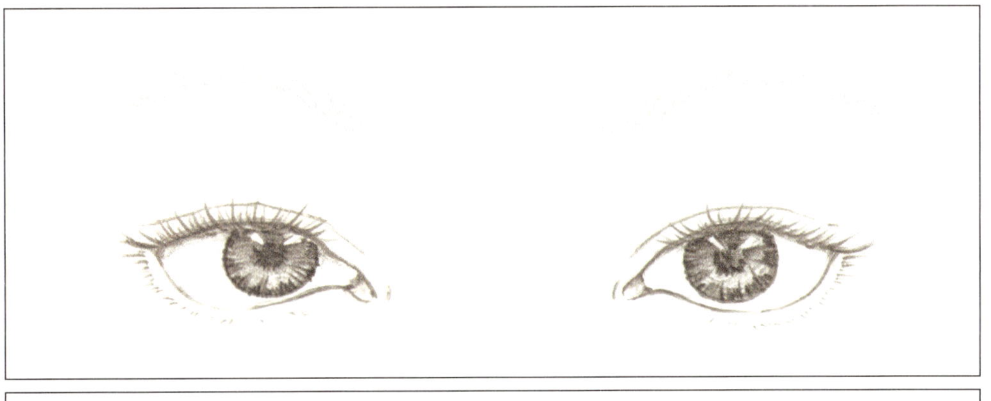

④ 눈꼬리가 올라간 눈

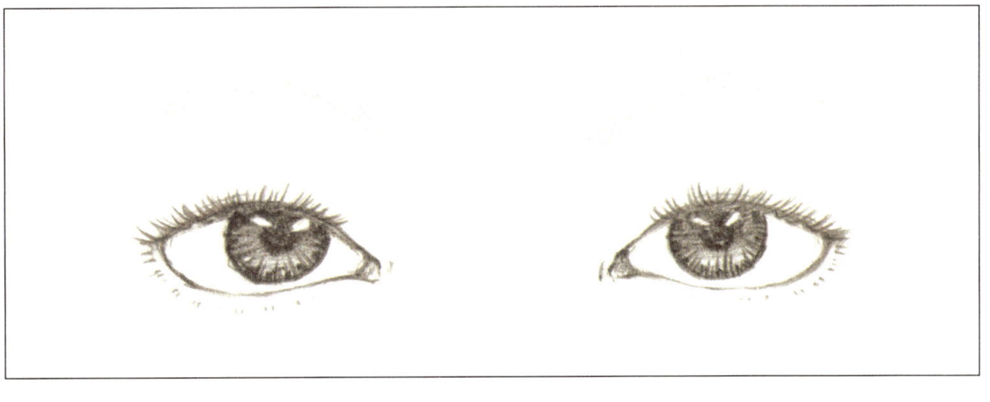

⑤ 두툼한 눈

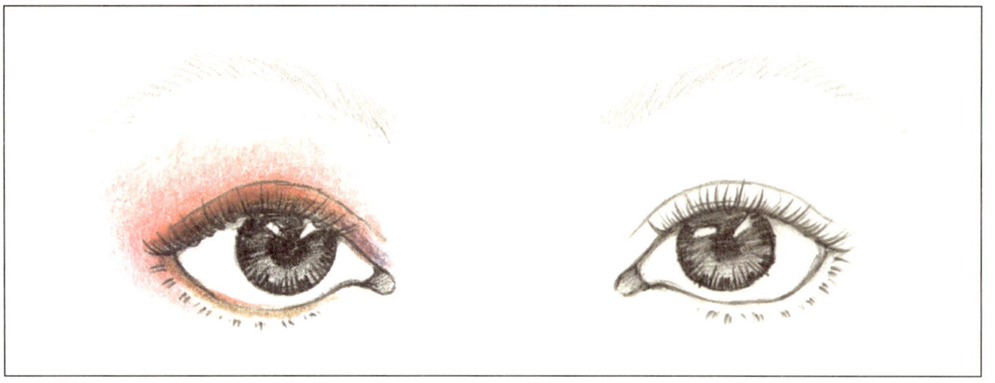

⑥ 크고 쌍커플진 눈

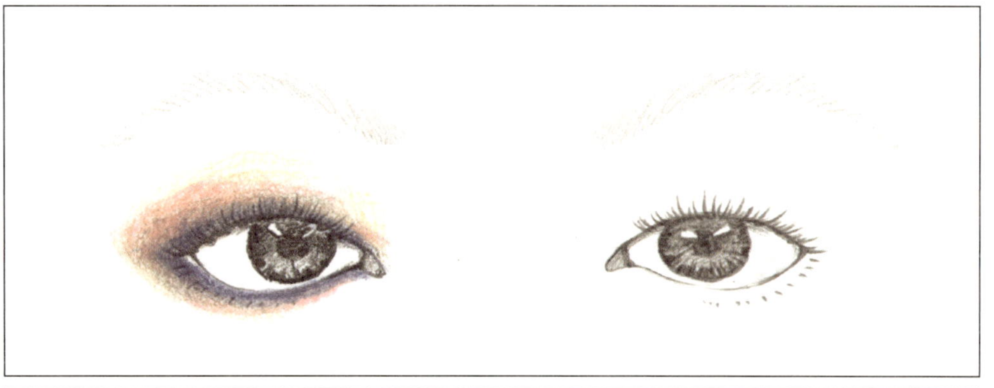

⑦ 작은 눈

⑧ 들어간 눈

⑨ 눈사이가 먼 눈

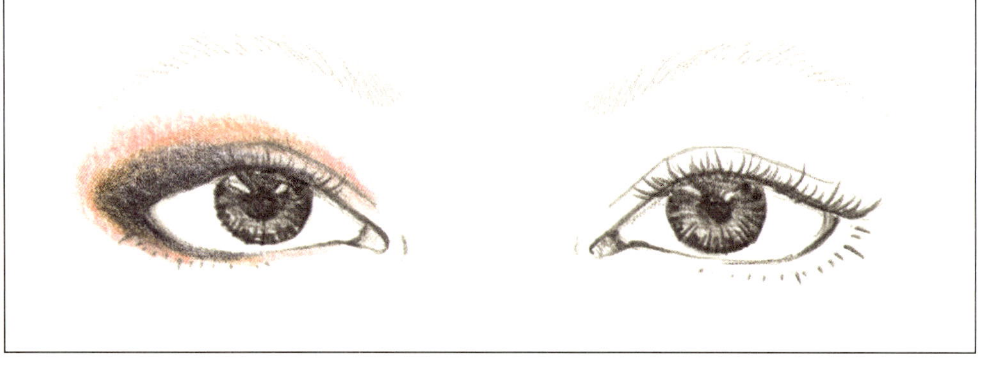

⑩ 눈사이가 가까운 눈

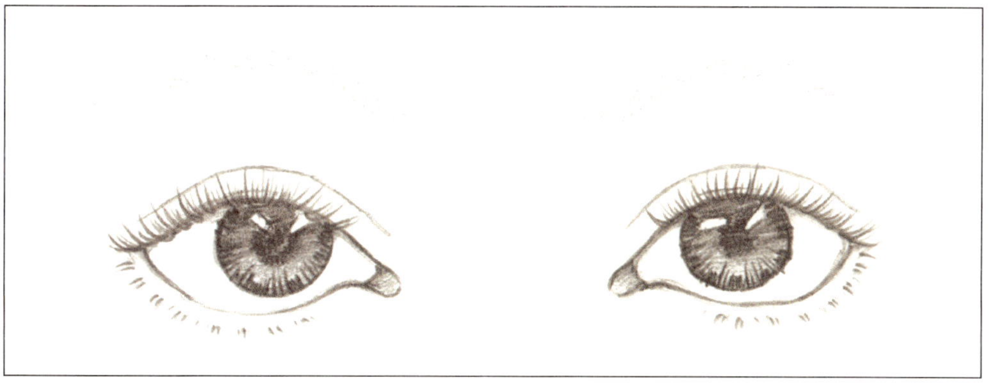

⑥ 크고 쌍커플진 눈

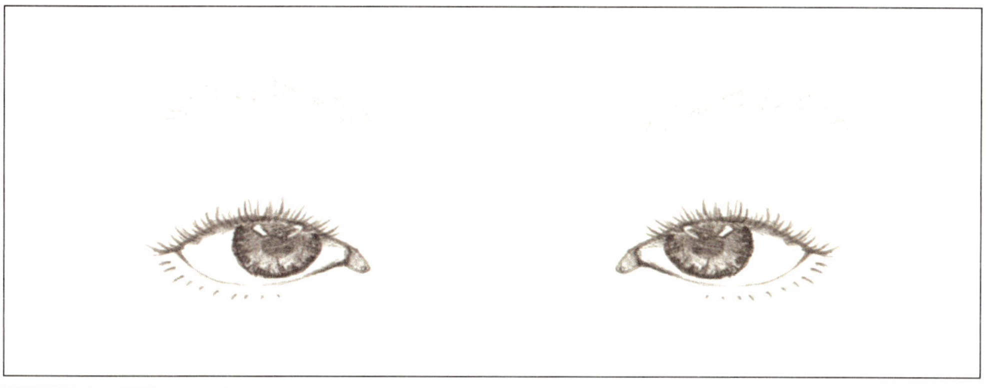

⑦ 작은 눈

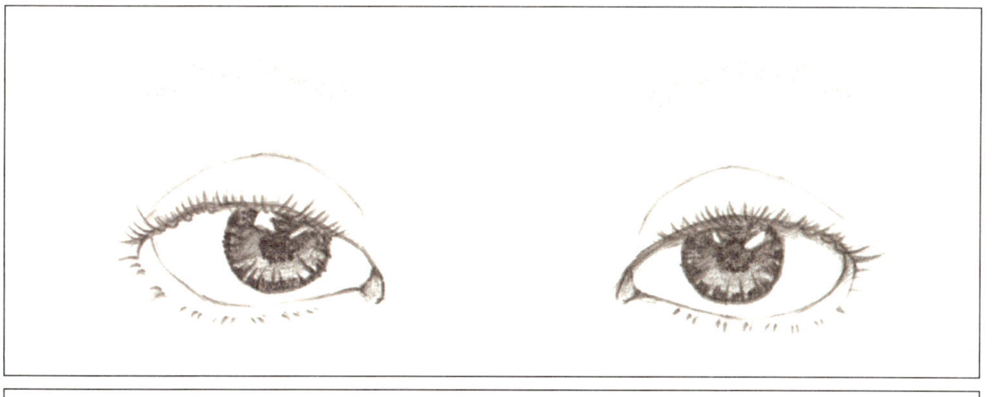

⑧ 들어간 눈

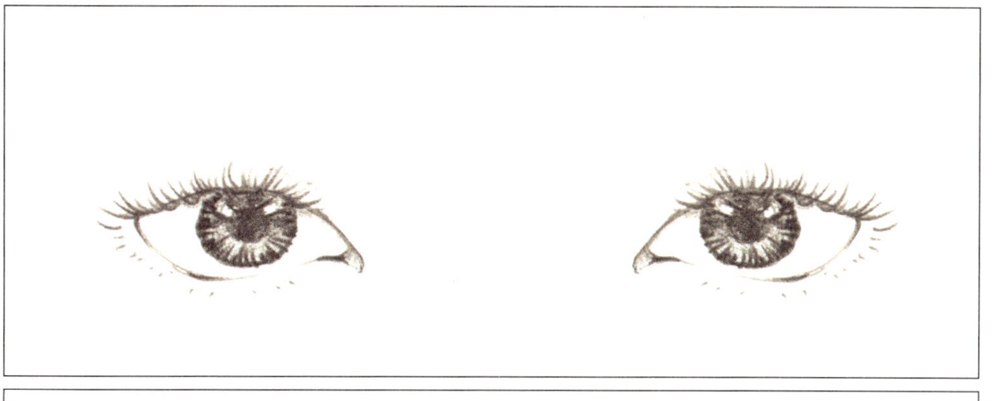

⑨ 눈사이가 먼 눈

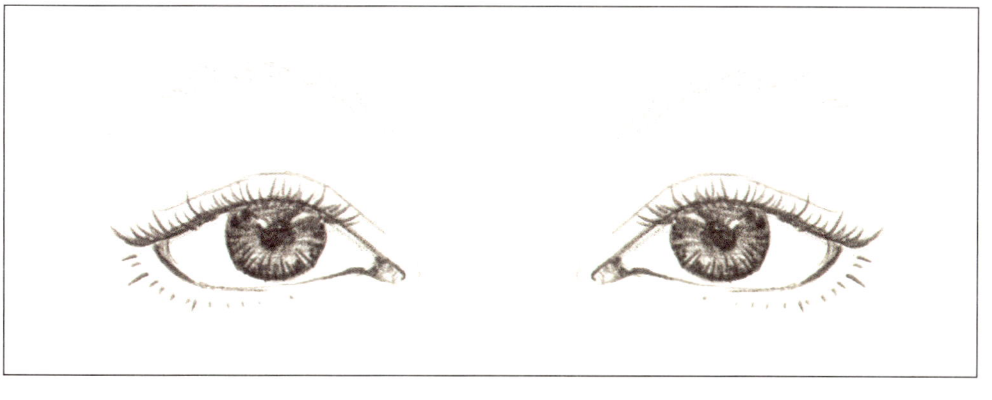

⑩ 눈사이가 가까운 눈

3) 아이라인

① Simple

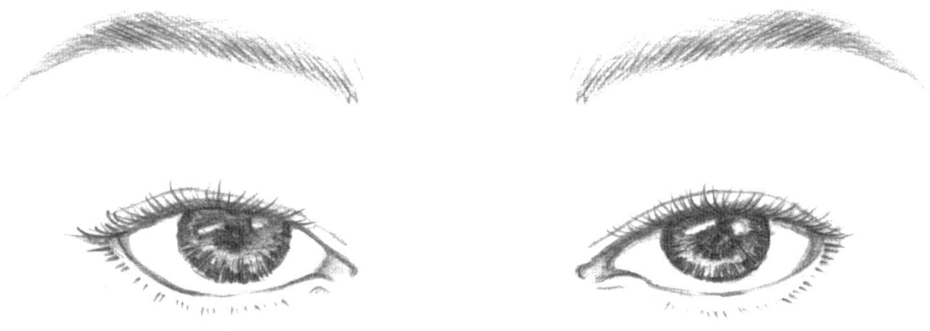

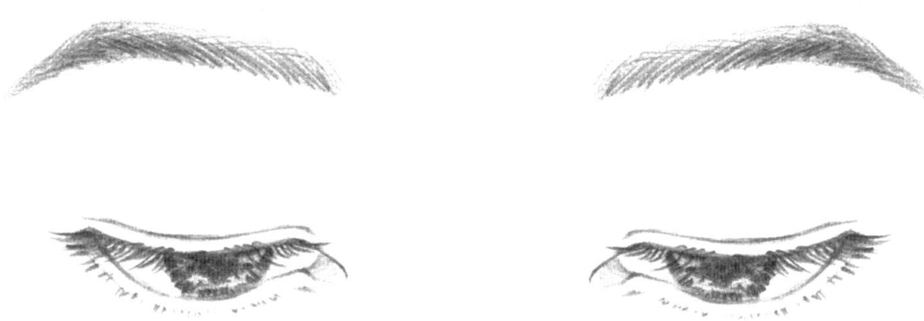

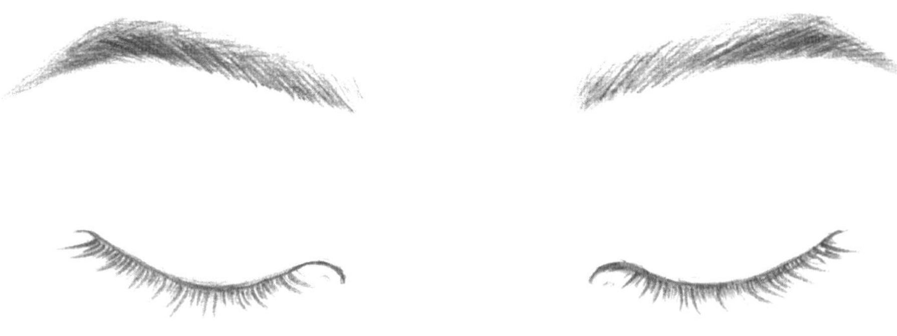

② Vintage

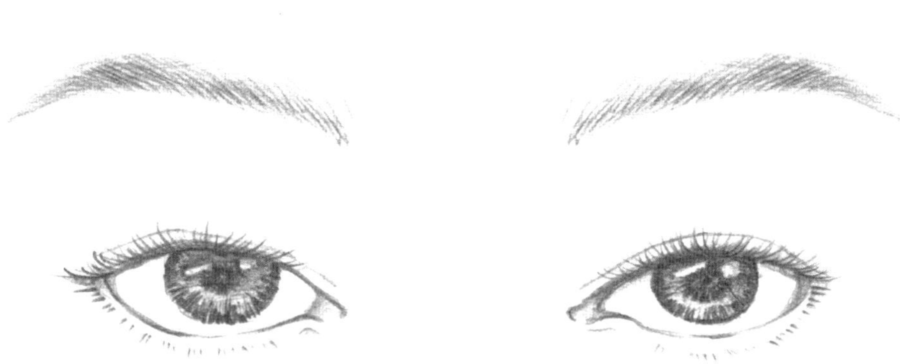

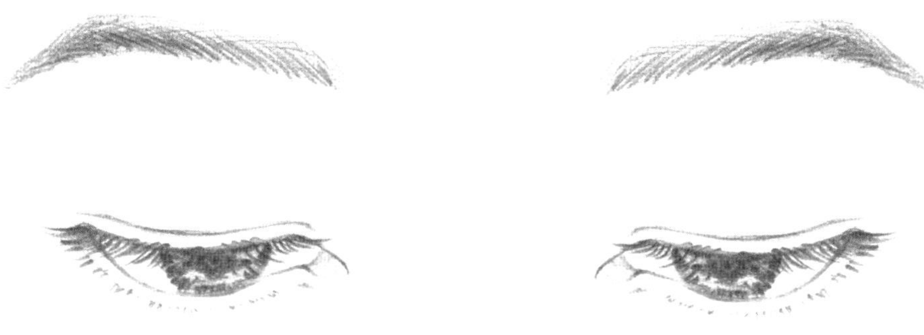

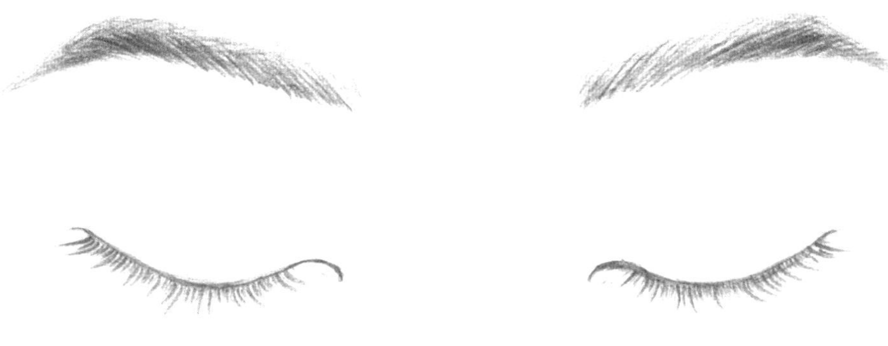

③ Cat Eye

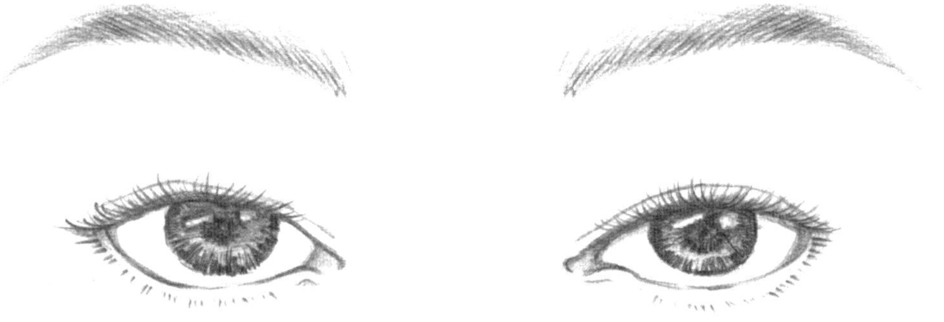

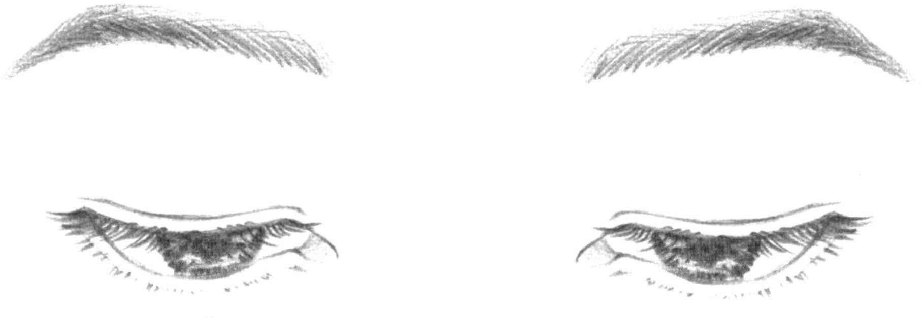

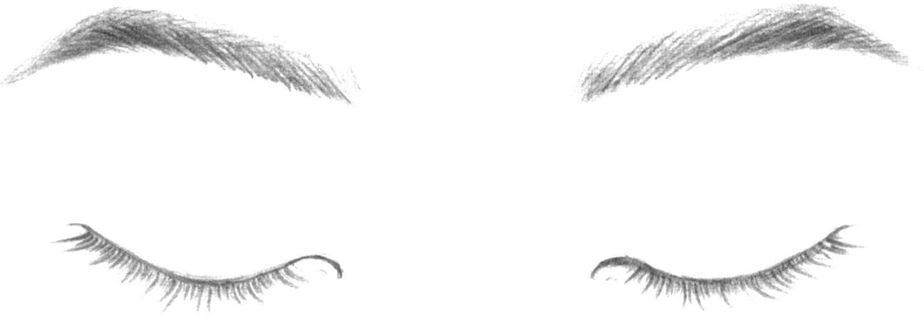

④ Runway Chic

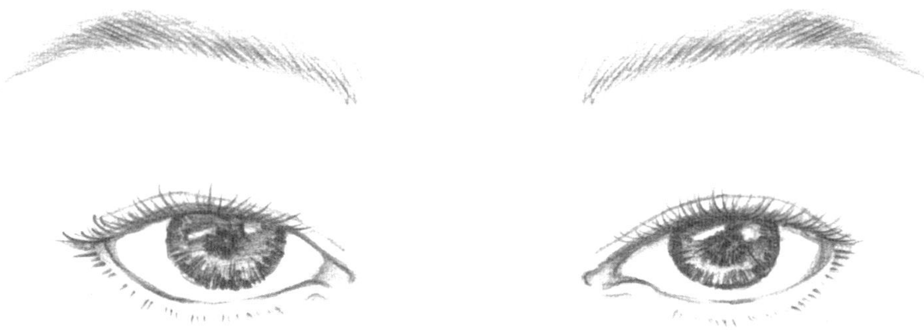

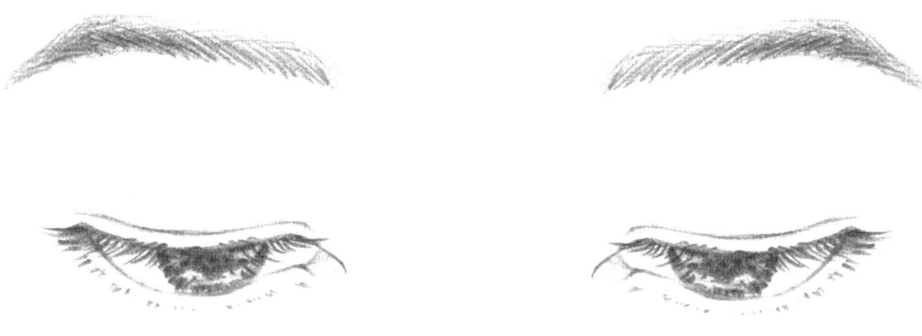

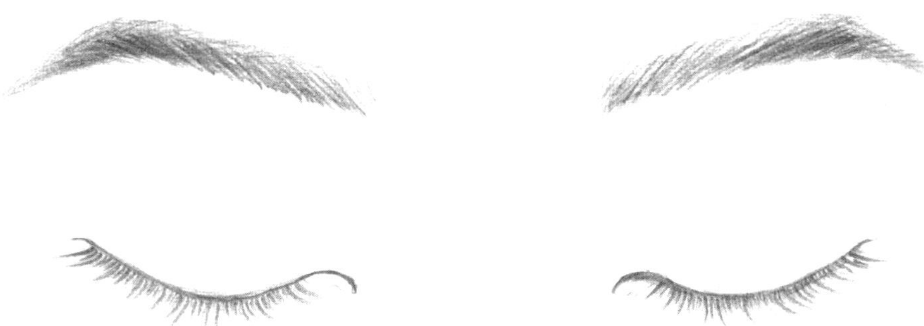

⑤ Couture

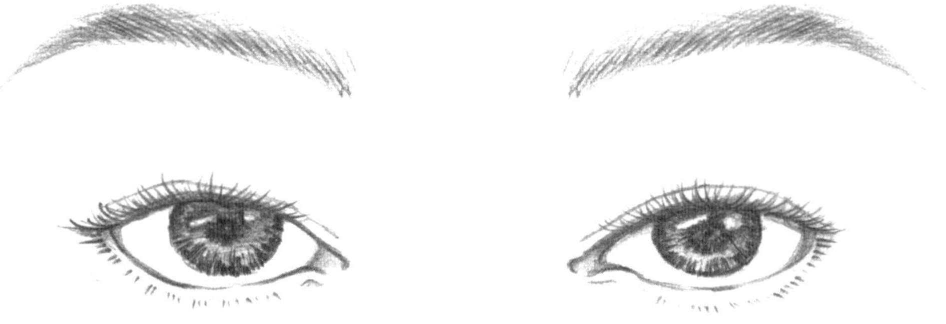

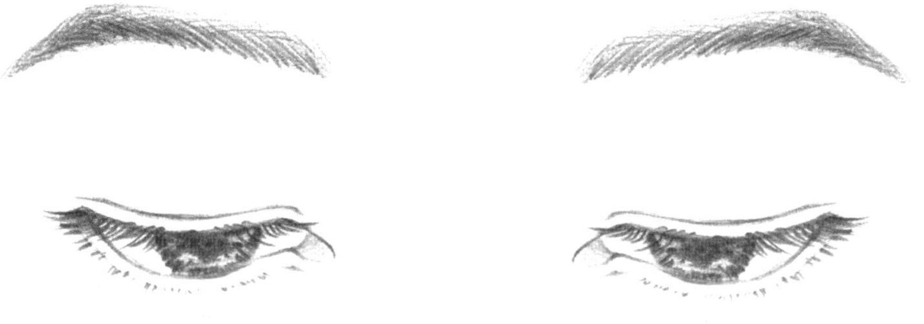

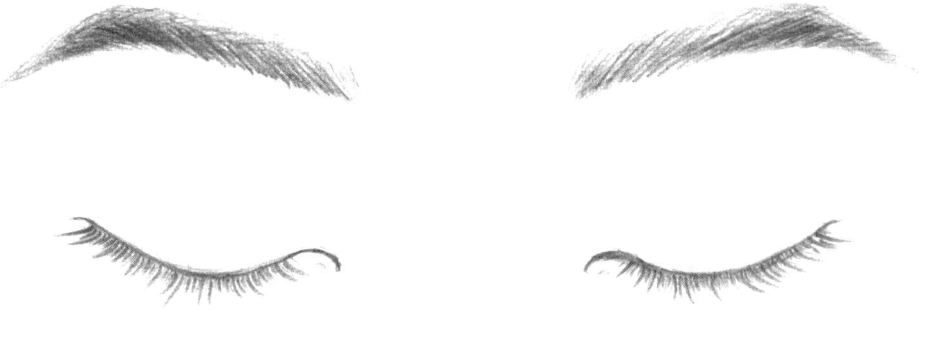

⑥ Oriental

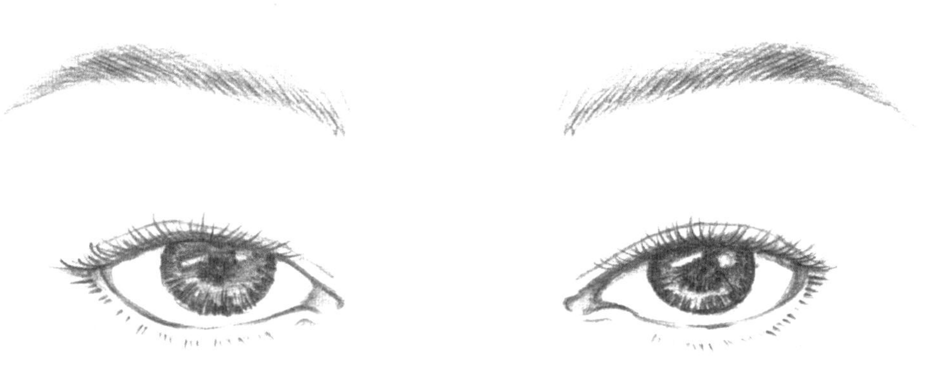

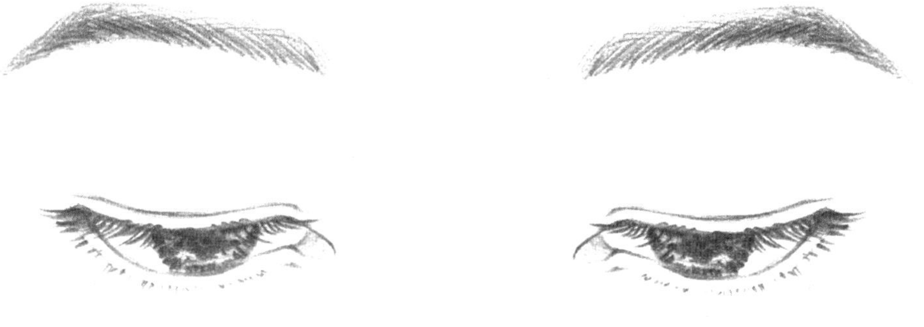

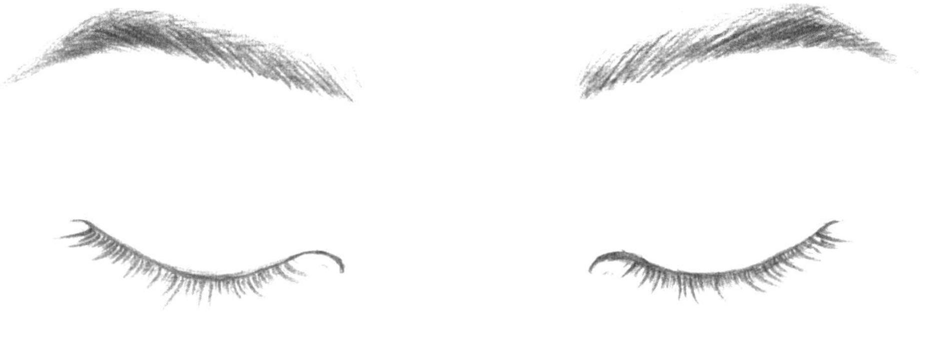

4. 입술(Lip) 메이크업

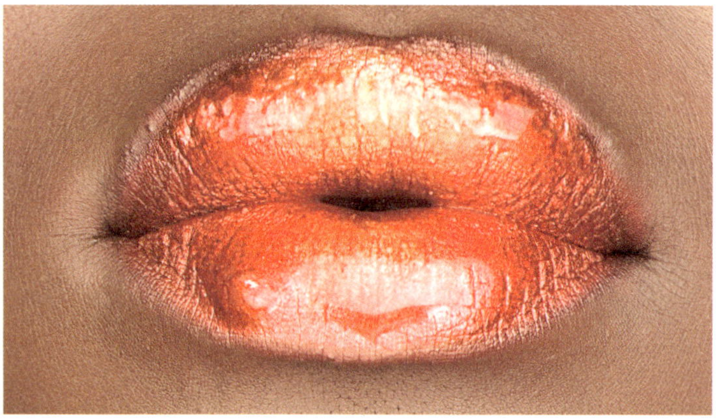

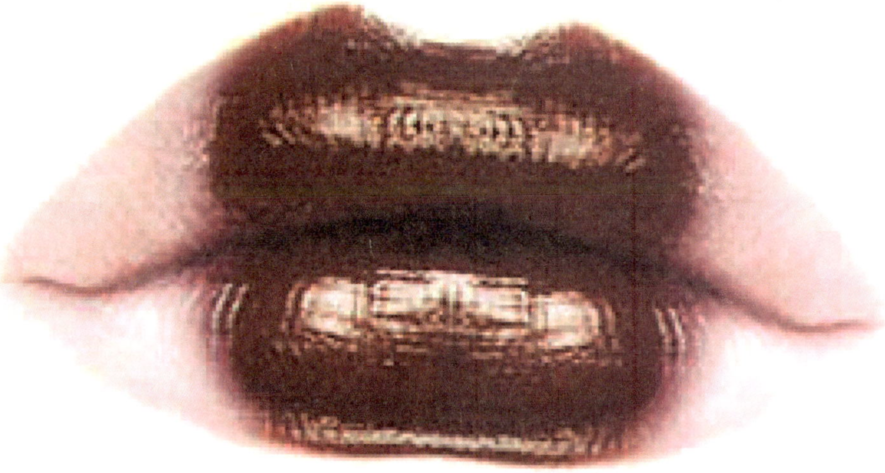

1) Round Lip - 1

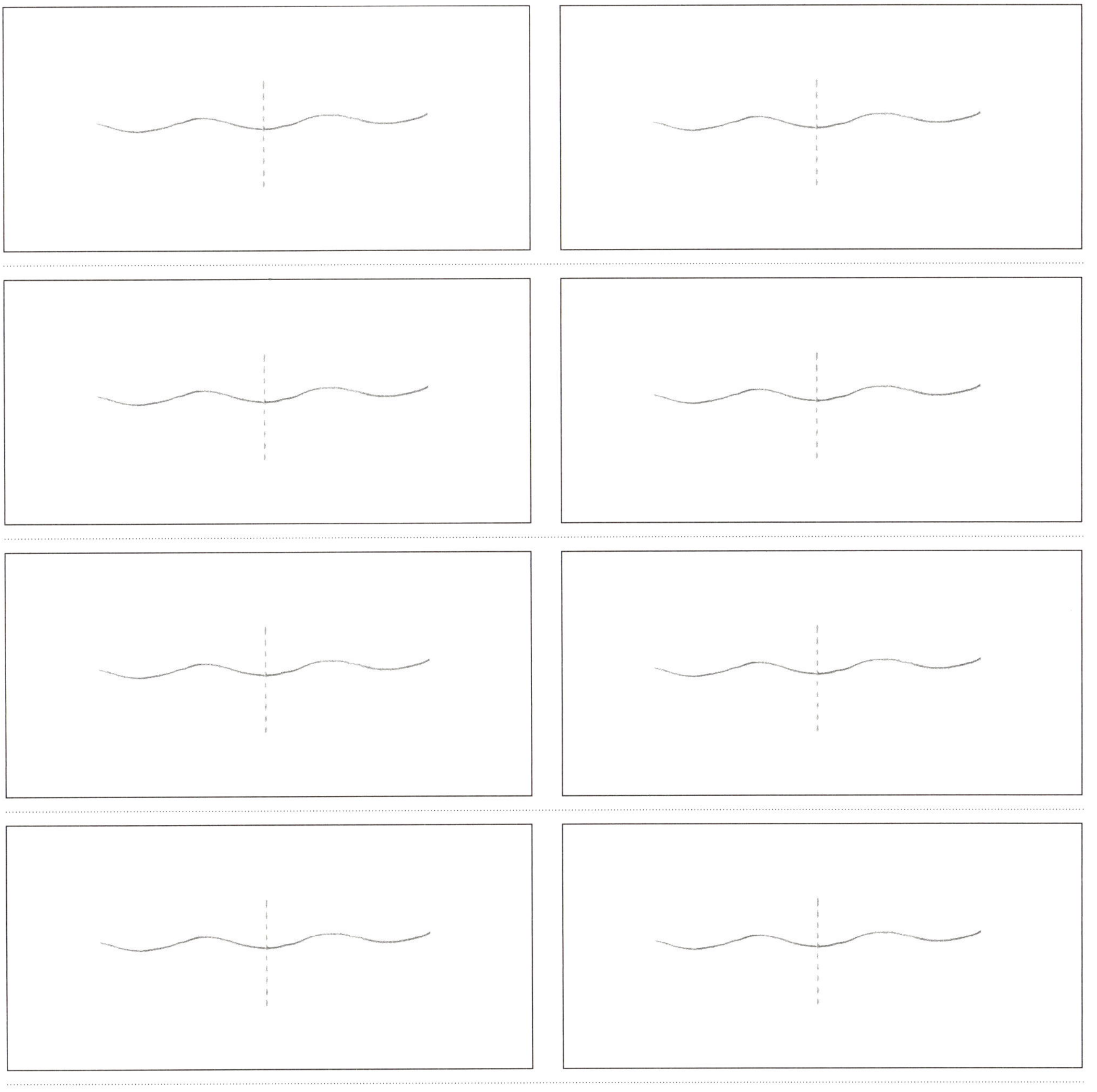

2) Round Lip - 2

3) Round Lip - 3

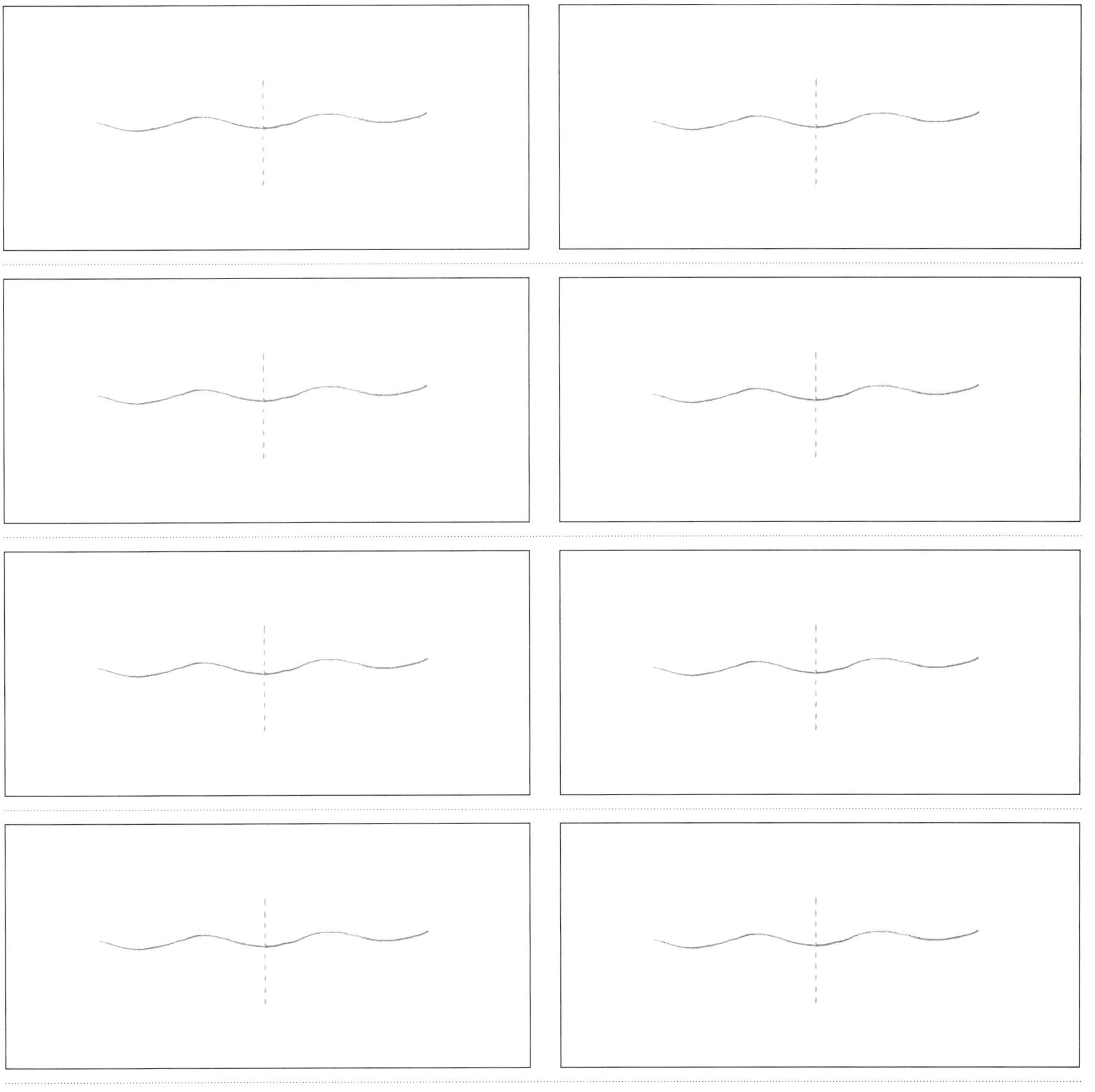

4) Straight Lip – 1

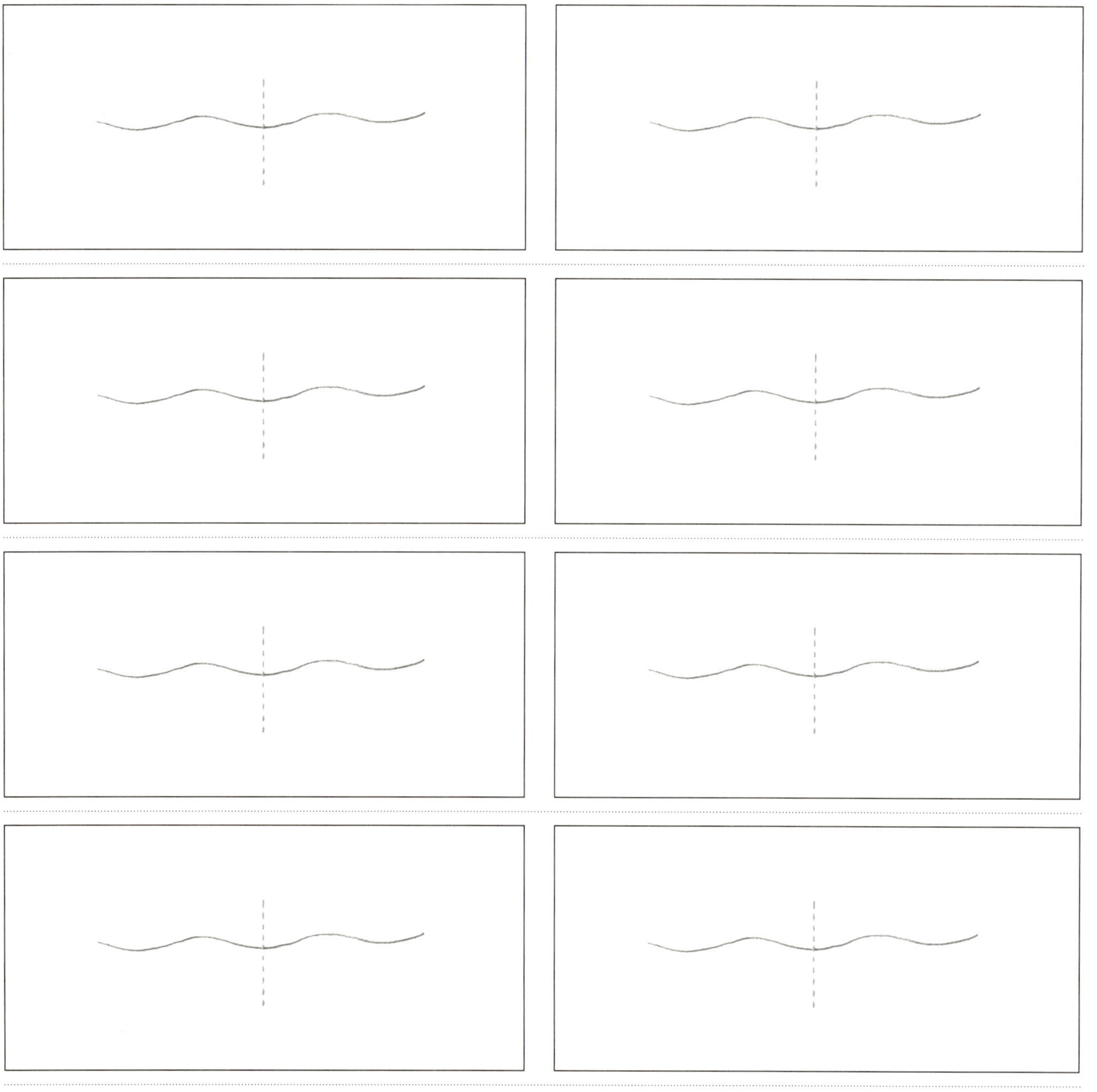

5) Straight Lip – 2

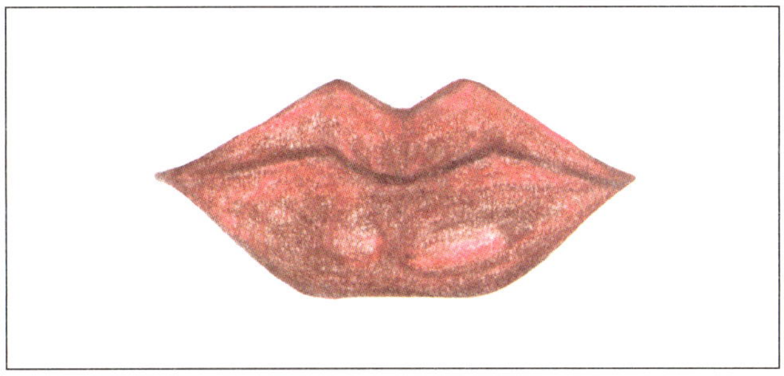

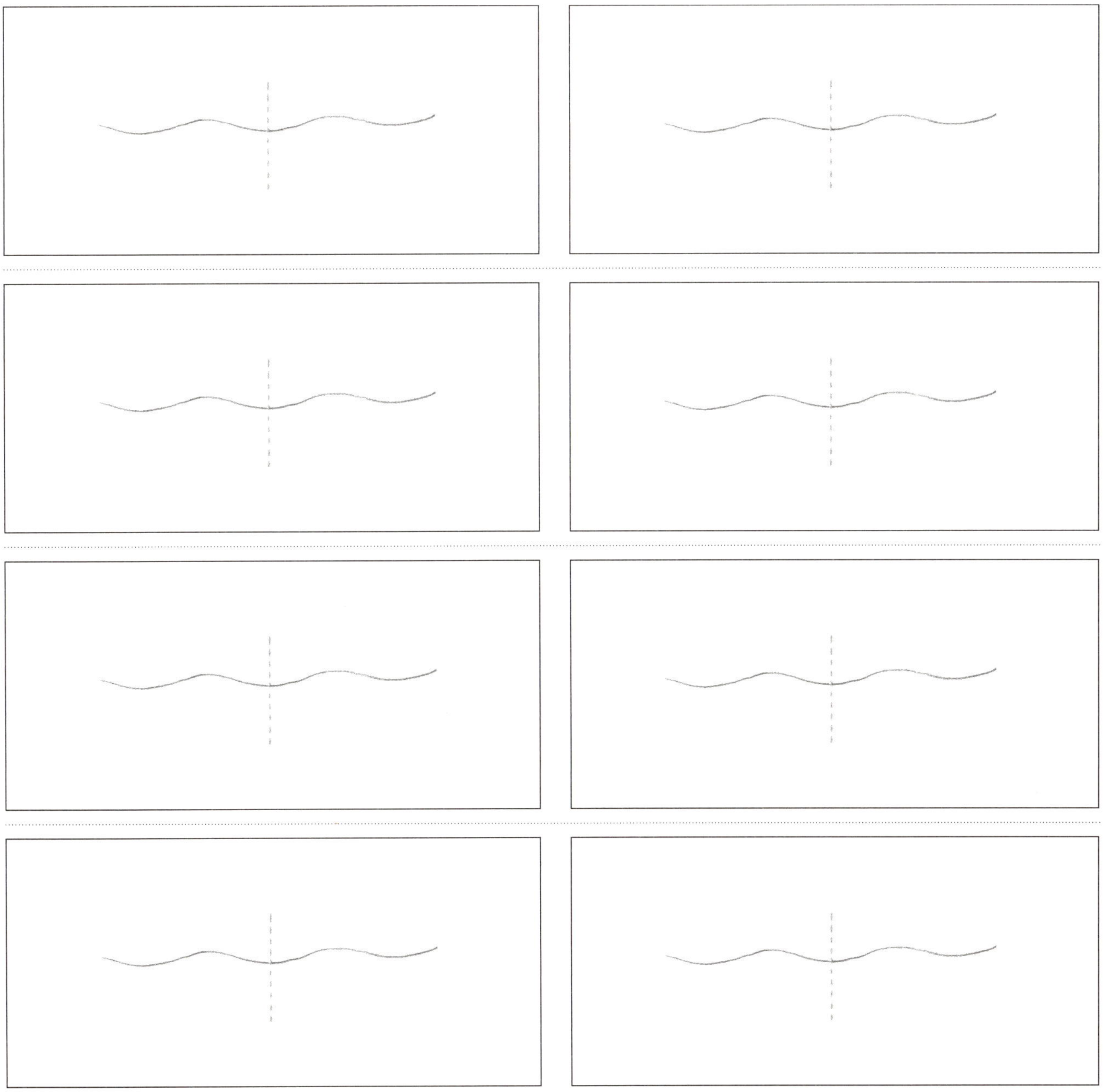

5. 치크(Cheek) 메이크업

1) 치크 메이크업 방법

① 넓게 바를 때: 바르는 부위의 중심에서 바깥쪽을 향해 자연스럽게 바른다.

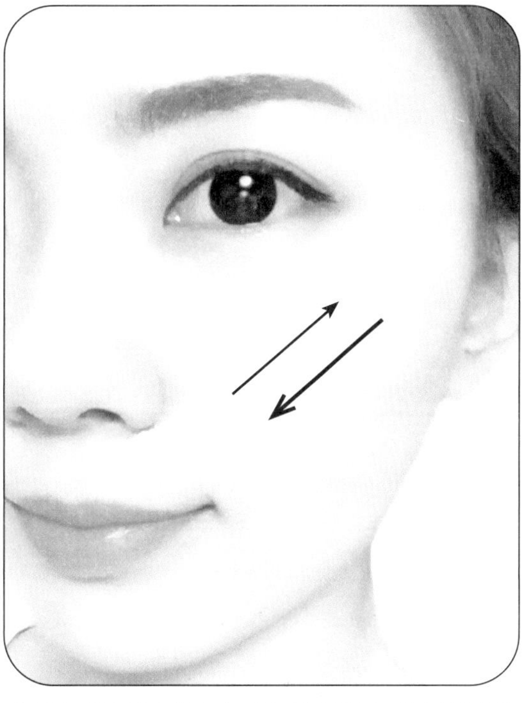

② 좁게 바를 때: 바르는 부위의 브러쉬를 상하로 움직이며 바른다.

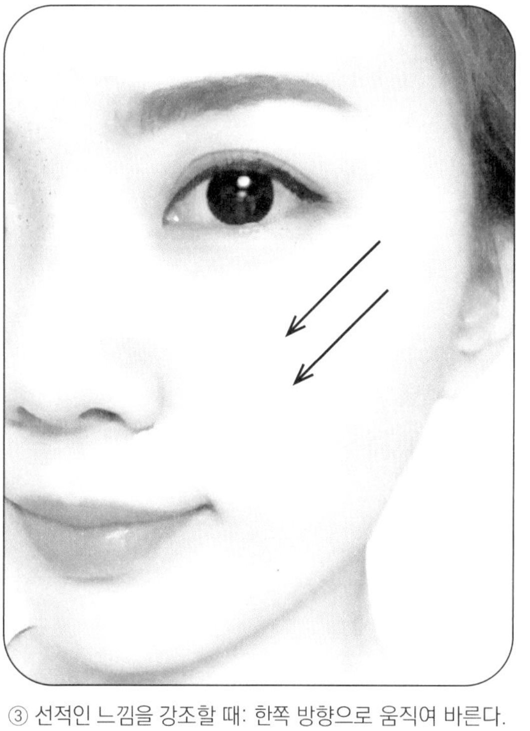

③ 선적인 느낌을 강조할 때: 한쪽 방향으로 움직여 바른다.

2) 치크 메이크업 실습 패턴

6. 얼굴형에 따른 수정 메이크업

1) 둥근형(Round face)

FACE CHART

Title

Base

Eyebrow

Eyeshadow

Blusher

Lip

2) 사각형(Square face)

FACE CHART

Title

Base

Eyebrow

Eyeshadow

Blusher

Lip

3) 역삼각형(Uninverted Triangular face)

FACE CHART

Title	Eyeshadow
Base	
Eyebrow	Blusher
	Lip

4) 다이아몬드형(Diamond face)

FACE CHART

Title	Eyeshadow
Base	
Eyebrow	Blusher
	Lip

5) 긴형(Oblong face)

FACE CHART

Title

Base

Eyebrow

Eyeshadow

Blusher

Lip

Ⅲ장 메이크업 국가기술자격시험 실기챠트

1. 1 과제 - 뷰티 메이크업

1) 웨딩(로맨틱)

2) 웨딩(클래식)

3) 한복

4) 내츄럴

2. 2 과제 - 시대 메이크업

1) 그레타 가르보

2) 마릴린 먼로

3) 트위기

4) 펑크

3. 3 과제 - 캐릭터 메이크업

1) 레오파드

2) 한국무용

3) 발레

4) 노역

4. 4 과제

1) 속눈썹 익스텐션

2) 미디어 수염

메이크업 제1과제	뷰티 메이크업
	웨딩(로맨틱)

FACE CHART

Title
웨딩 로맨틱
Base
한 톤 밝게
Eyebrow
흑갈색, 둥글게
Eye
섀도우-연핑크(약간 펄), 눈두덩이, 언더 전체
연보라색-아이라인 주변, 짙게, 위로 그라데이션
아이라인-속눈썹 사이, 눈매 교정
Cheek
핑크, 애플존
Lip
핑크, 촉촉하게, 안쪽 짙게, 바깥 그라데이션

메이크업 제1과제	뷰티 메이크업
	웨딩(클래식)

FACE CHART

Title	웨딩 클래식
Base	피부 톤, 매트
Eyebrow	흑갈색, 눈썹산-약간 각지게
Eye	섀도우-피치, 눈두덩이 전체
	브라운-속눈썹 라인쪽, 위로 그라데이션
	눈앞머리 위, 아래-골드펄
	아이라인-속눈썹 사이, 눈매 교정
	인조 속눈썹-뒤쪽 길게
Cheek	피치, 광대뼈 바깥→ 안, 블랜딩
Lip	베이지 핑크, 라인 선명하게

메이크업 제1과제	뷰티 메이크업
	한복

FACE CHART

Title
한복
Base
피부톤, 파우더로 가볍게
Eyebrow
브라운, 자연스럽게
Eye
새도우-피치(펄이 살짝)-눈두덩이, 언더라인 전체
브라운-짙게(아이라인 주변), 위로 그라데이션
눈꼬리 언더 1/2~1/3 그라데이션
아이라인-속눈썹 사이, 눈매에 맞게
인조속눈썹-눈에 맞게, 마스카라
Cheek
오렌지 계열-광대뼈 위쪽, 안에서 바깥으로 블렌딩
Lip
오렌지 레드, 선명한 라인

메이크업 제1과제	뷰티 메이크업
	내츄럴

FACE CHART

Title

내츄럴

Base

피부색, 리퀴드 파운데이션

Eyebrow

결 살리기, 자연스럽게

Eye

섀도우-브라운, 아이라인 주변, 위로 그라데이션. 눈꼬리언더.
1/2~1/3 그라데이션.

아이라인-브라운 색의 섀도우나 펜슬, 자연스럽게 교정

자연 속눈썹 컬링

Cheek

피치, 광대뼈 안쪽-바깥으로 블랜딩

Lip

베이지핑크, 자연스럽게

MAKE-UP WORK SEET

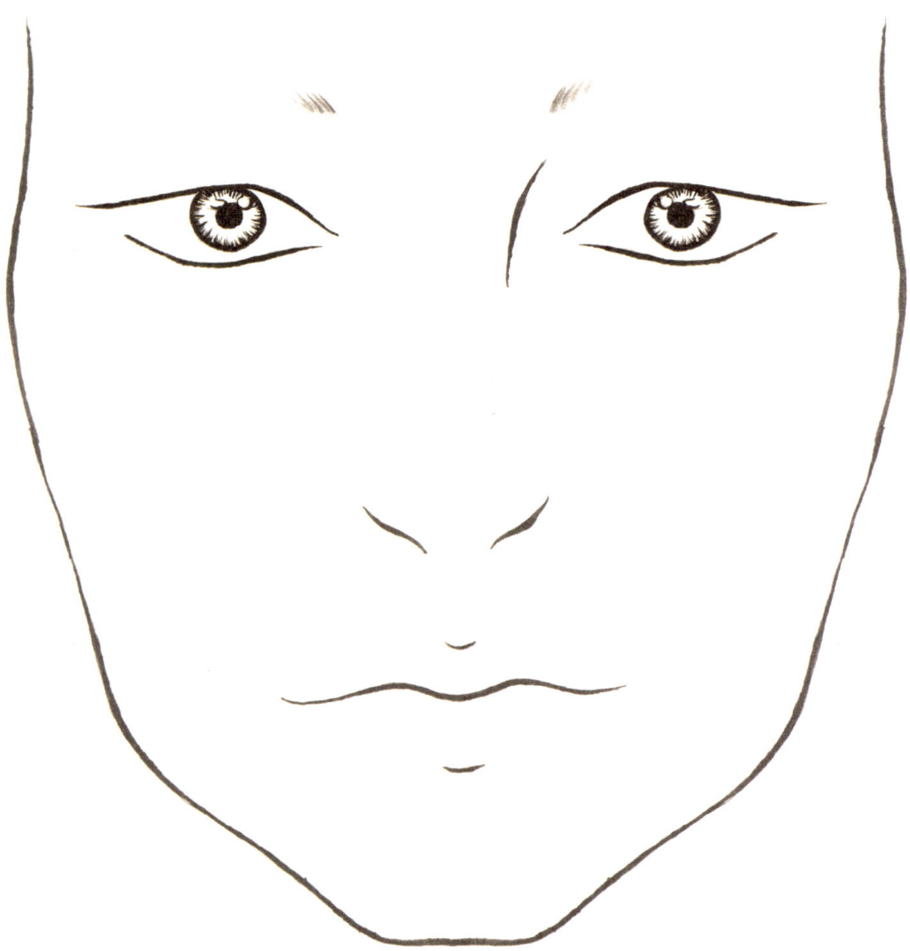

Title

Base

Eye

Blusher

Lip

MAKE-UP WORK SEET

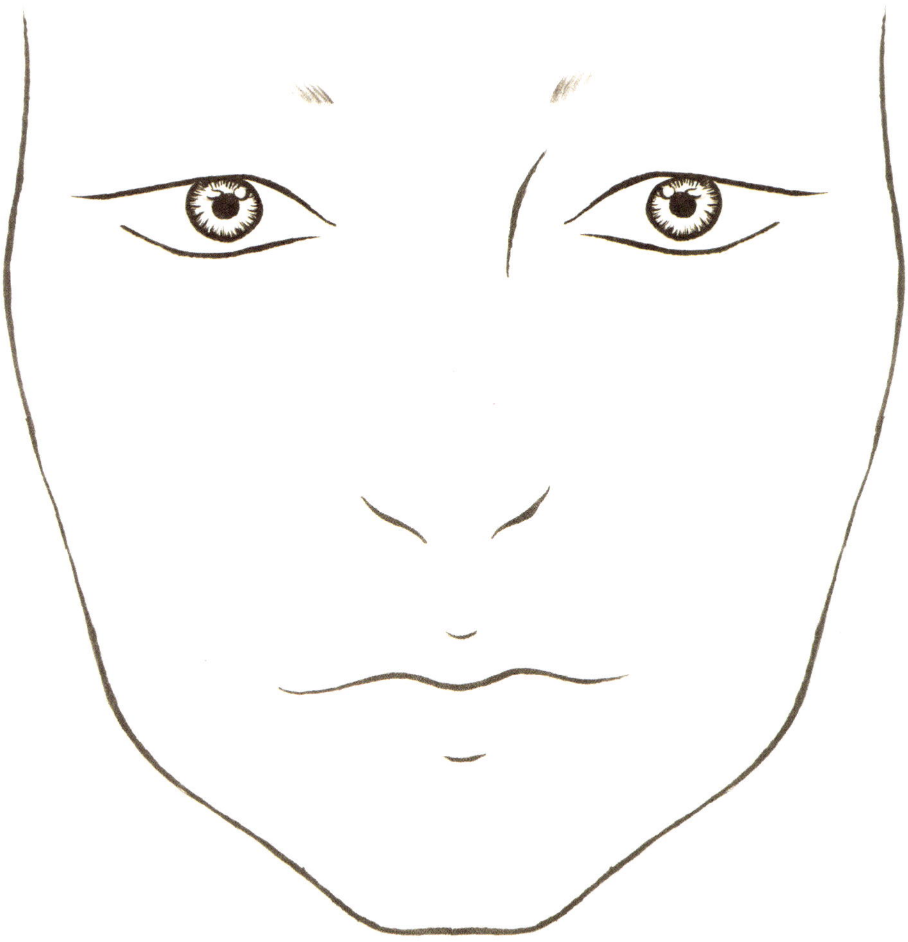

Title

Base

Eye

Blusher

Lip

메이크업 제2과제	시대 메이크업
	그레타 가르보

FACE CHART

Title

그레타 가르보

Base

피부톤에 맞게, 결점커버, 깨끗하게, 윤곽수정, 매트

Eyebrow

눈썹 완벽히 가리기, 아치형

Eye

섀도우-펄이 없는 갈색 계열, 이이홀, 그라데이션

아이라인-속눈썹 사이, 눈매교정

인조 속눈썹-모델 눈에 맞게

Cheek

브라운, 광대뼈 아래 강하게, 얼굴 전체 핑크톤(가볍게)

Lip

유분기, 레드브라운, 인커브

메이크업 제2과제	시대 메이크업
	마릴린 먼로

FACE CHART

Title

마릴린 먼로

Base

밝은 핑크 파운데이션, 매트

Eyebrow

브라운 색-양미간 살짝 넓게, 각진 눈썹.

Eye

핑크, 베이지계열-아이홀, 그라데이션

화이트-안쪽 눈꺼풀
언더-베이지계열

아이라인 속눈썹 사이, 길게 뺌

인조 속눈썹, 눈보다 뒤로 길게

Cheek

핑크톤, 광대뼈 아래에서 구각 방향, 사선

Lip

적당한 유분, 레드 컬러

Etc

점

메이크업 제2과제	시대 메이크업
	트위기

FACE CHART

Title

트위기

Base

피부색, 리퀴드 또는 크림, 파우더

Eyebrow

자연스러운 브라운, 눈썹산 강조

Eye

섀도우-화이트 베이스, 핑크, 네이비, 그레이, 어두운 청

인위적인 쌍꺼풀 라인

쌍꺼풀 라인, 아이라인 선 강조

화이트-쌍꺼풀 안쪽, 눈썹 아래

Cheek

핑크 및 라이트 브라운, 애플 존, 둥글게

Lip

베이지 핑크

메이크업 제2과제	시대 메이크업
	펑크

FACE CHART

Title

펑크

Base

크림파운데이션, 창백, 매트

Eyebrow

눈썹 결 강조, 짙고 강하게

Eye

섀도우-아이홀, 화이트, 베이지, 그레이, 블랙.

아이홀-눈꼬리~앞머리 쪽 아이홀 꼬리-1/3 검정색 (섀도우or아이라이너), 그라데이션

아이라인-검정색, 3개 라인, 아이홀라인 바깥

언더라인-위쪽 라인 연결, 강하게

Cheek

레드브라운, 얼굴 앞쪽 방향, 사선, 강하게

Lip

검붉은 색, 라인 선명하게

MAKE-UP WORK SEET

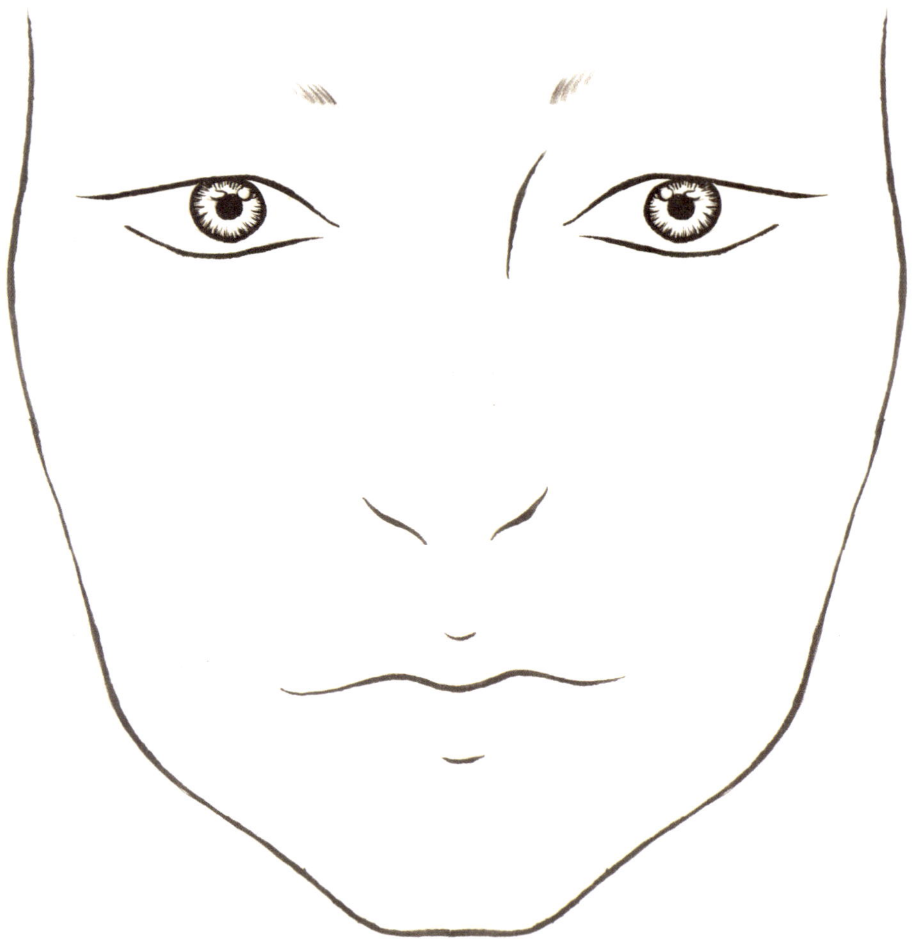

Title

Base

Eye

Blusher

Lip

MAKE-UP WORK SEET

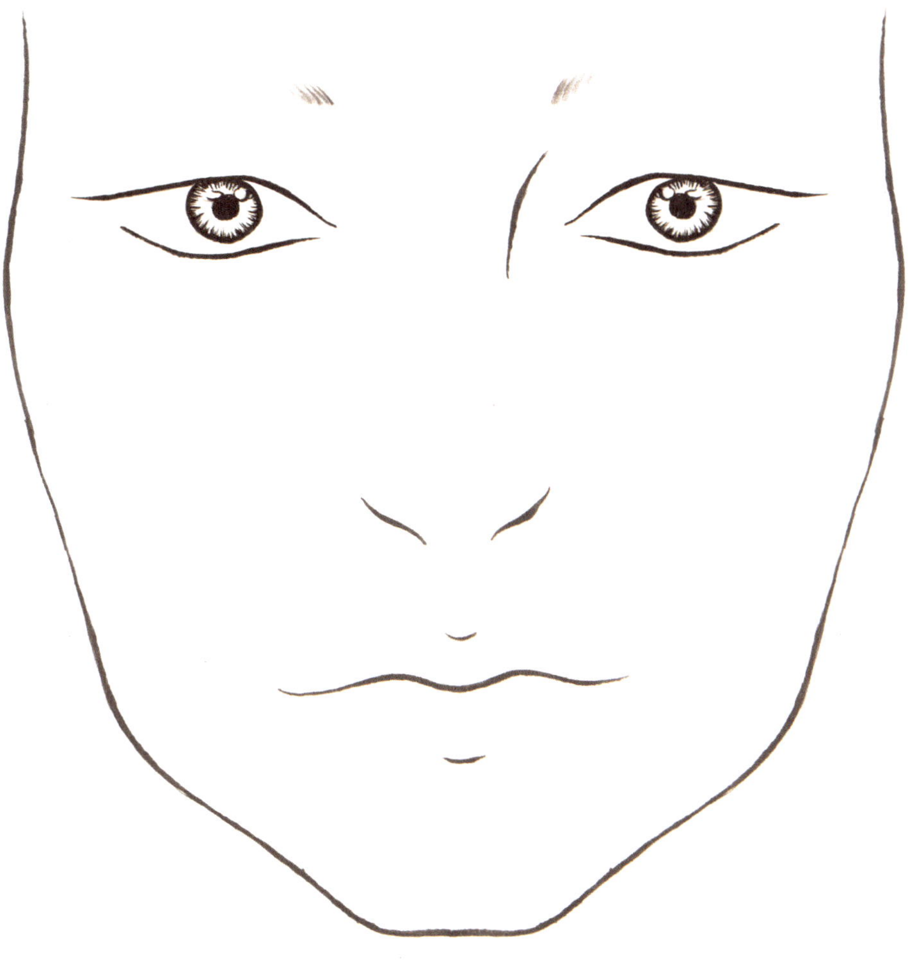

Title

Base

Eye

Blusher

Lip

메이크업 제3과제	캐릭터 메이크업
	레오파드

FACE CHART

Title	레오파드
Base	피부톤 보다 밝게, 파우더
Eyebrow	옐로우, 오렌지, 브라운-아쿠아 또는 섀도우, 그라데이션
Eye	아이홀 부위-흰 색, 뚜렷 검정 아이라이너, 아쿠아 컬러-눈꺼풀 위, 눈 밑 언더, 트임 무늬-아쿠아 컬러, 아이라이너, 선명, 점진적. 언더라인-블랙 아이라이너 인조속눈썹
Lip	버건디 레드, 구각 강조, 인커브

메이크업 제3과제	캐릭터 메이크업
	한국무용

FACE CHART

Title
한국무용
Base
피부 톤, 결점 커버, 깨끗하게
Eyebrow
브라운-검정 연결, 부드러운 곡선
Eye
눈썹 뼈-흰색
섀도우-연분홍, 눈두덩이. 눈꼬리와 언더-마젠타, 상승형
아이라인-검정색, 펜슬 or 섀도우 마무리
마스카라, 짙은 인조 속눈썹-처지지 않게, 상승형
Cheek
핑크, 광대뼈를 감싸듯
Lip
레드, 립 안쪽 그라데이션, 핑크레드 블렌딩
Etc
블랙펜슬, 블랙아이라이너-귀밑머리

메이크업 제3과제	캐릭터 메이크업
	발레

FACE CHART

Title	발레
Base	결점커버, 깨끗, 윤곽수정, 핑크파우더, 매트
Eyebrow	다크 브라운-블랙 연결, 갈매기 형태
Eye	눈썹뼈 밑-하이라이트 아이홀-핑크, 퍼플, 그라데이션 홀 안쪽-흰색 블루 아쿠아 컬러-속눈썹 라인 포인트, 언더라인 언더라인 위쪽(안쪽)-흰색 검정색 아이라이너-아이라인, 언더라인, 길게
Cheek	핑크, 광대뼈 감싸듯
Lip	라인-로즈 색, 안쪽 그라데이션, 핑크-블렌딩

메이크업 제3과제	캐릭터 메이크업
	노역

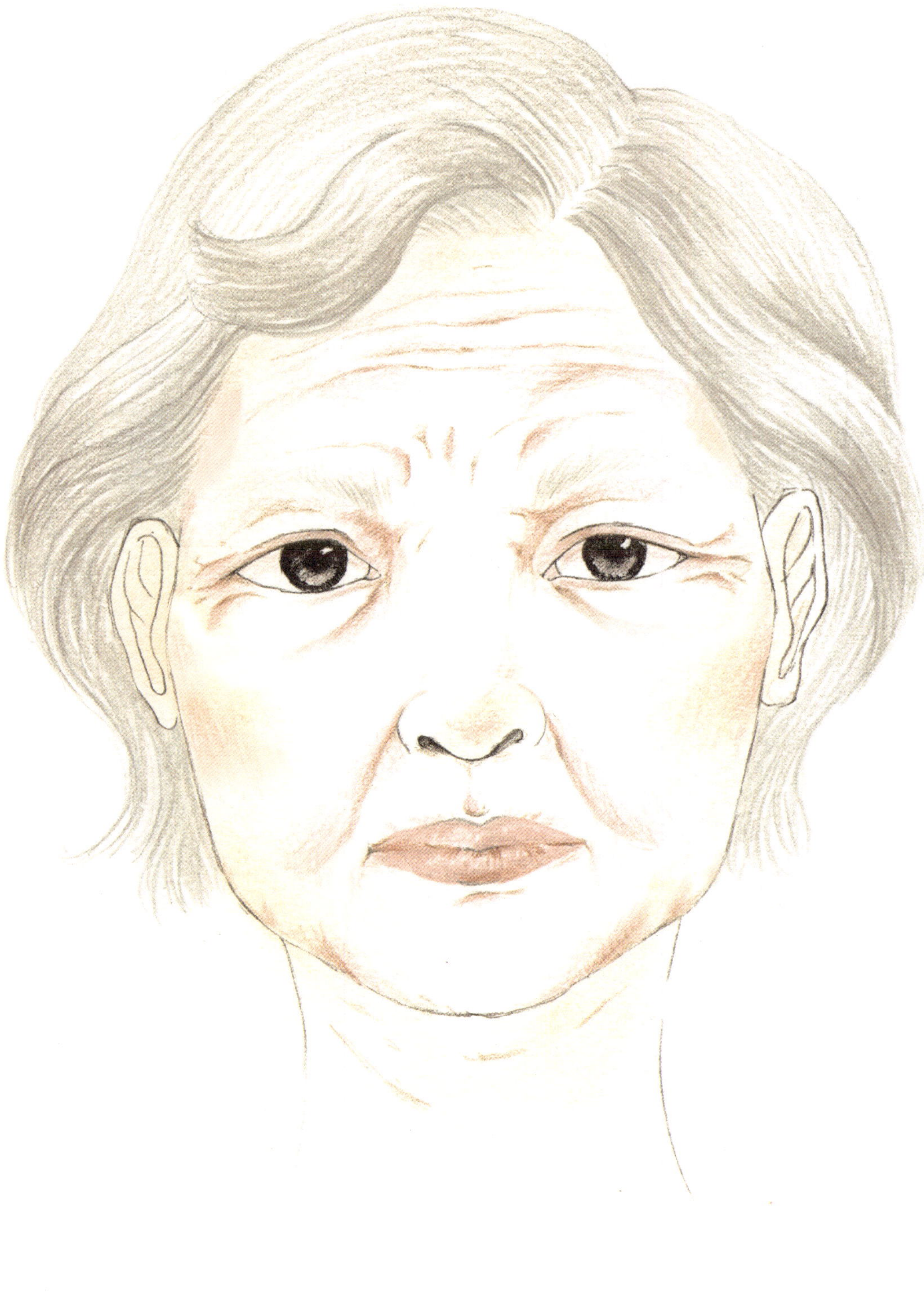

FACE CHART

Title

노인

Base

한 톤 어둡게

섀이딩,
하이라이트-얼굴 음영

갈색 펜슬-주름, 파우더

Eyebrow

강하지 않게, 회갈색

Eye

눈썹뼈 밑-하이라이트

Lip

내츄럴 베이지

메이크업 제4과제	속눈썹 익스텐션

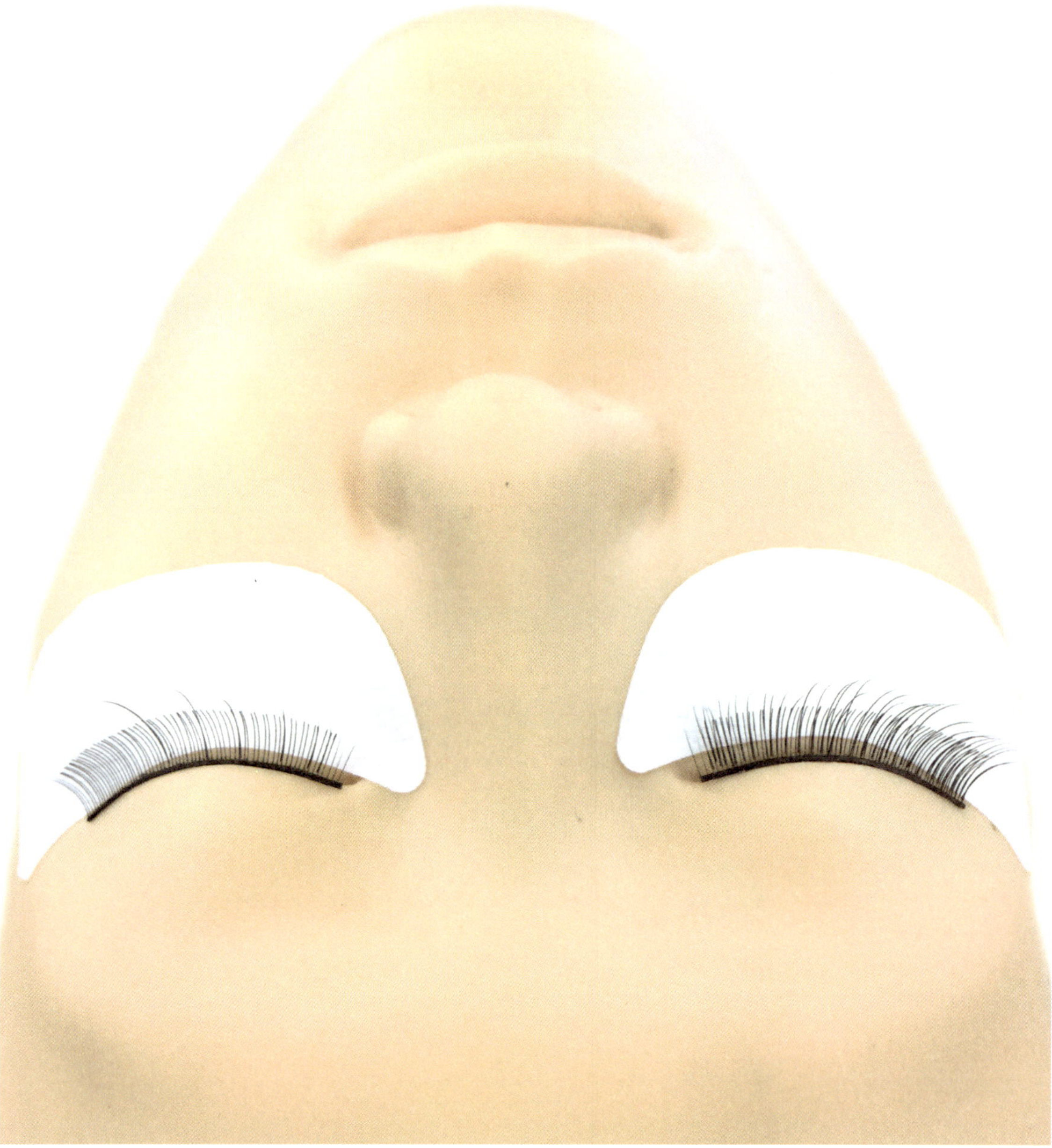

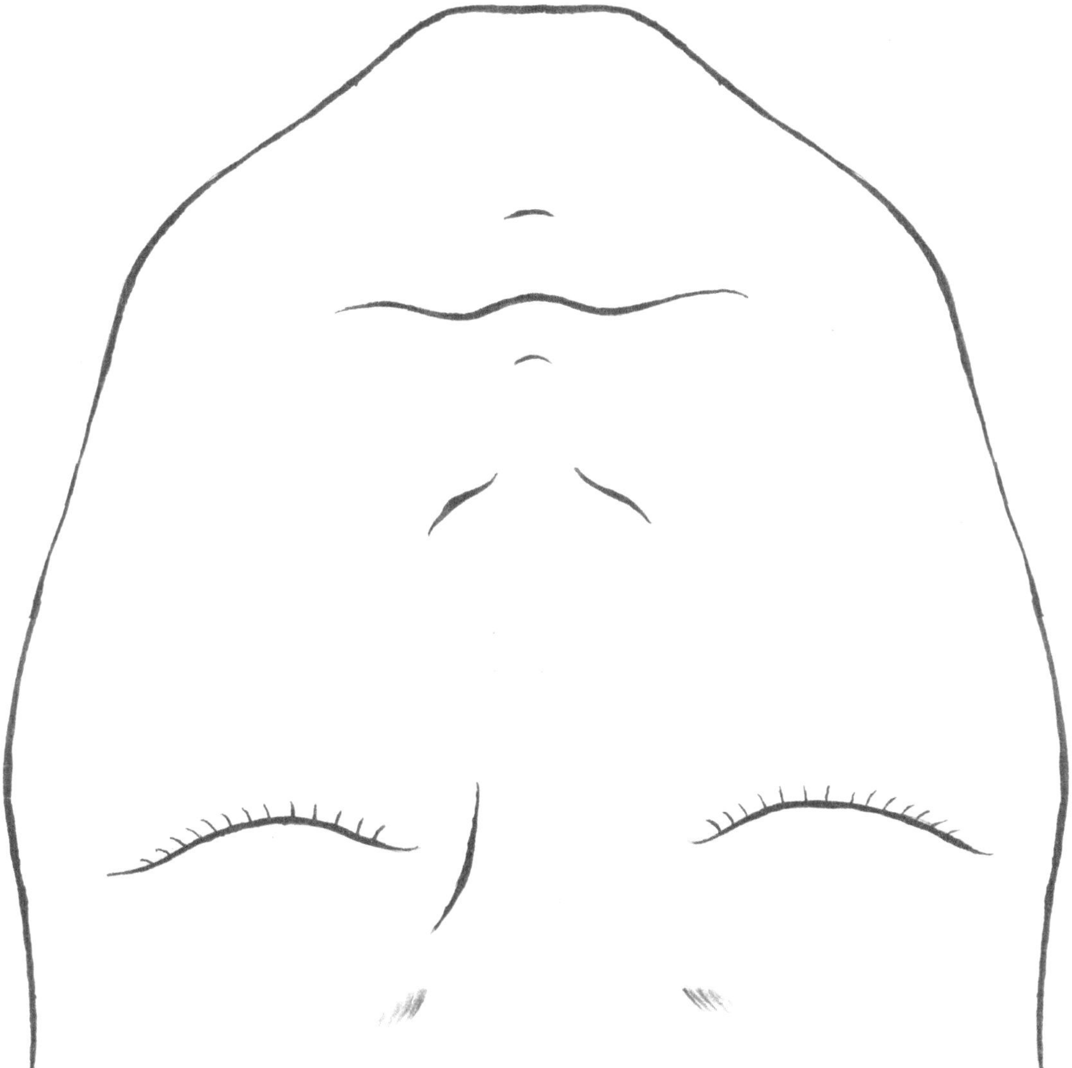

FACE CHART

Title 속눈썹 익스텐션(왼쪽)
· 5~6mm 인조 속눈썹, 마네킹 부착
· J컬, 싱글모, 길이 8~12mm(모두 사용), 두께 0.15~0.2mm
· 중앙이 길게, 라운드형(부채꼴)
· 모근에서 1~1.5mm
· 왼쪽 눈, 40가닥
· 눈 앞머리 2~3가닥 생략

Title 속눈썹 익스텐션(오른쪽)
· 5~6mm 인조 속눈썹, 마네킹 부착
· J컬, 싱글모, 길이 8~12mm(모두 사용), 두께 0.15~0.2mm
· 중앙이 길게, 라운드형(부채꼴)
· 모근에서 1~1.5mm
· 오른쪽 눈, 40가닥
· 눈 앞머리 2~3가닥 생략

속눈썹 익스텐션(왼쪽)

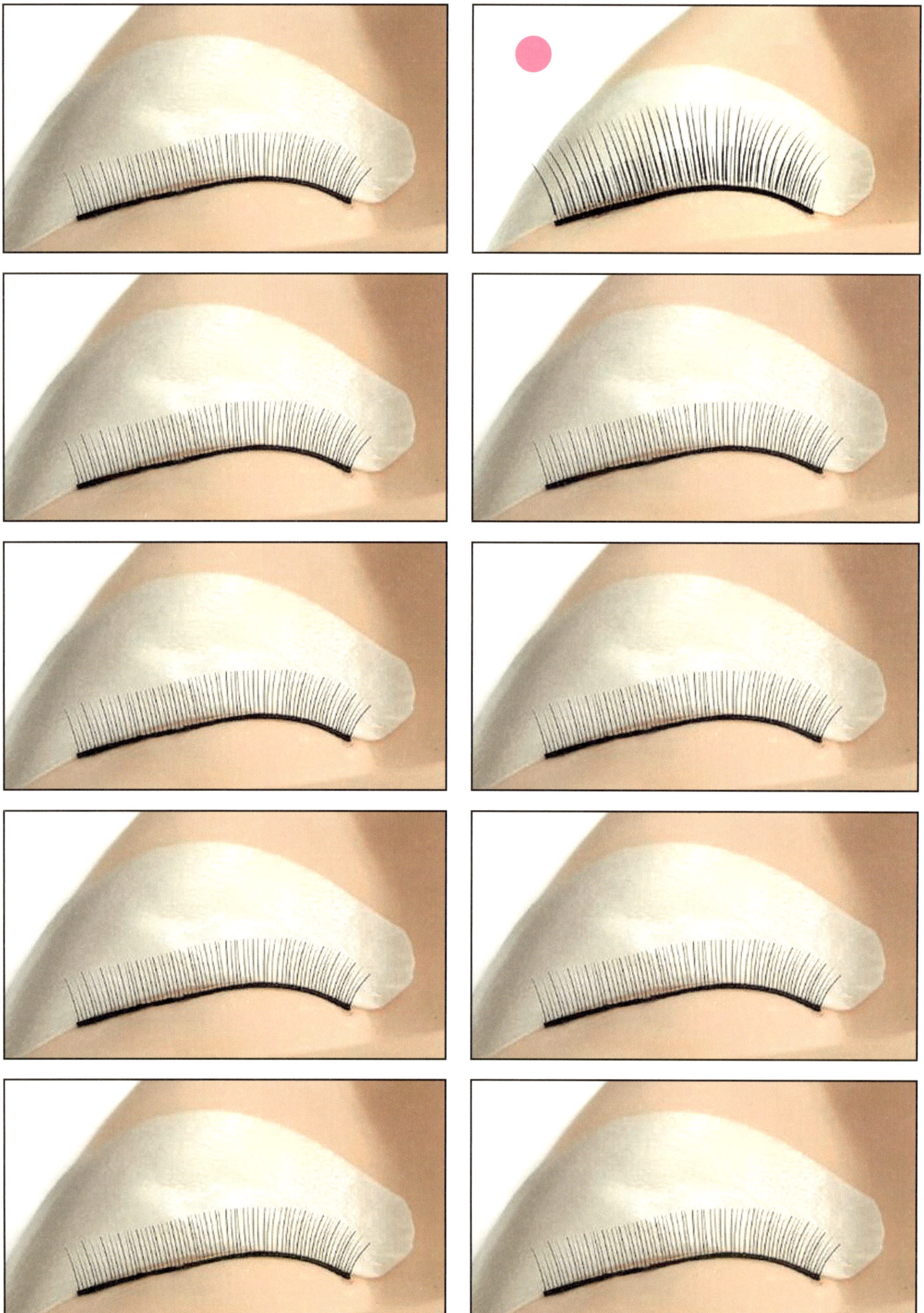

속눈썹 익스텐션(오른쪽)

메이크업 제4과제	미디어 수염

FACE CHART

Title 미디어 수염
수염길이-턱 밑 1~2mm
접착제 도포(균일), 좌우, 위치, 형태 주의
양과 길이, 형태 잘 비교, 핀셋-다듬기
고정 스프레이 또는 라텍스-스타일링

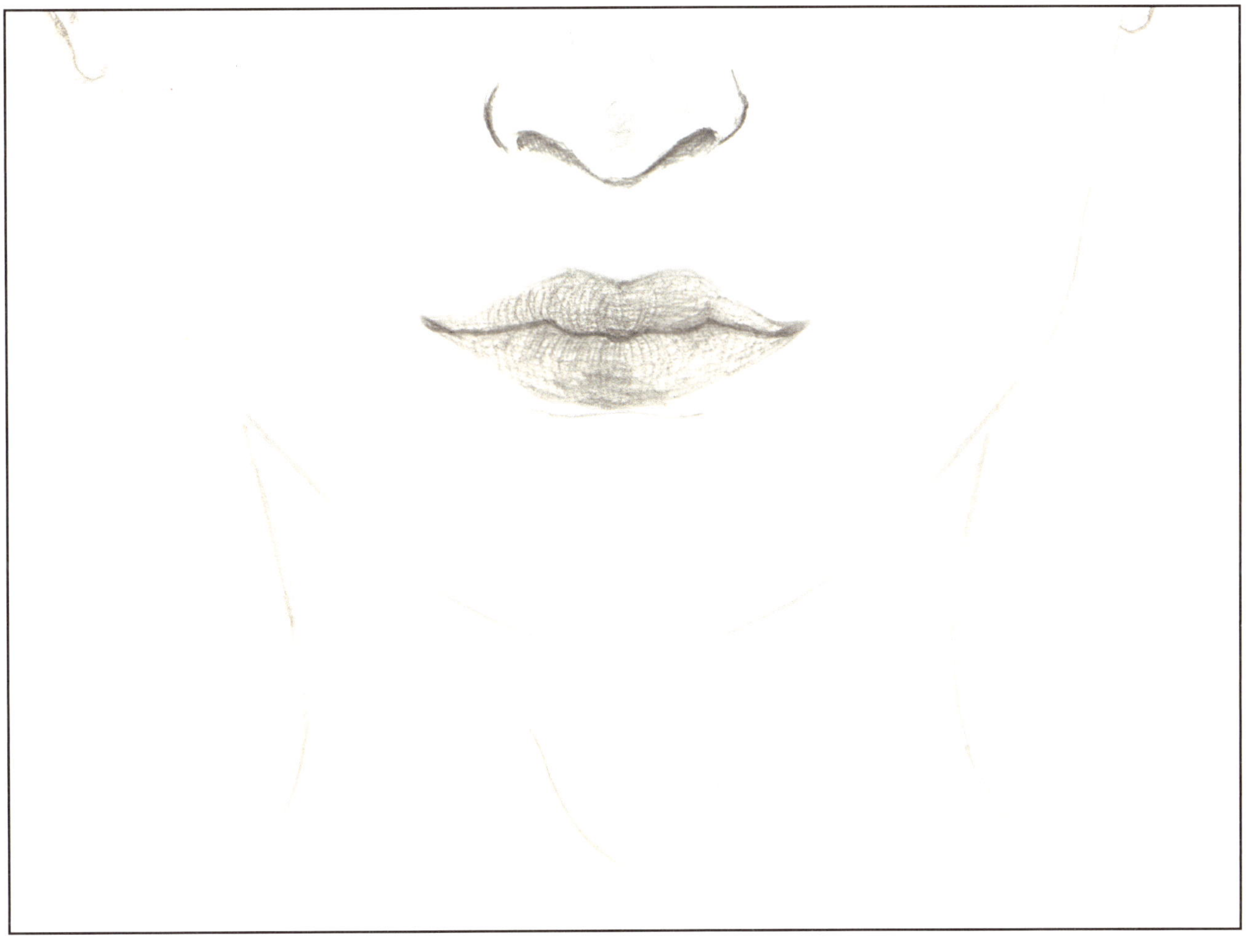

MAKE-UP WORK SEET

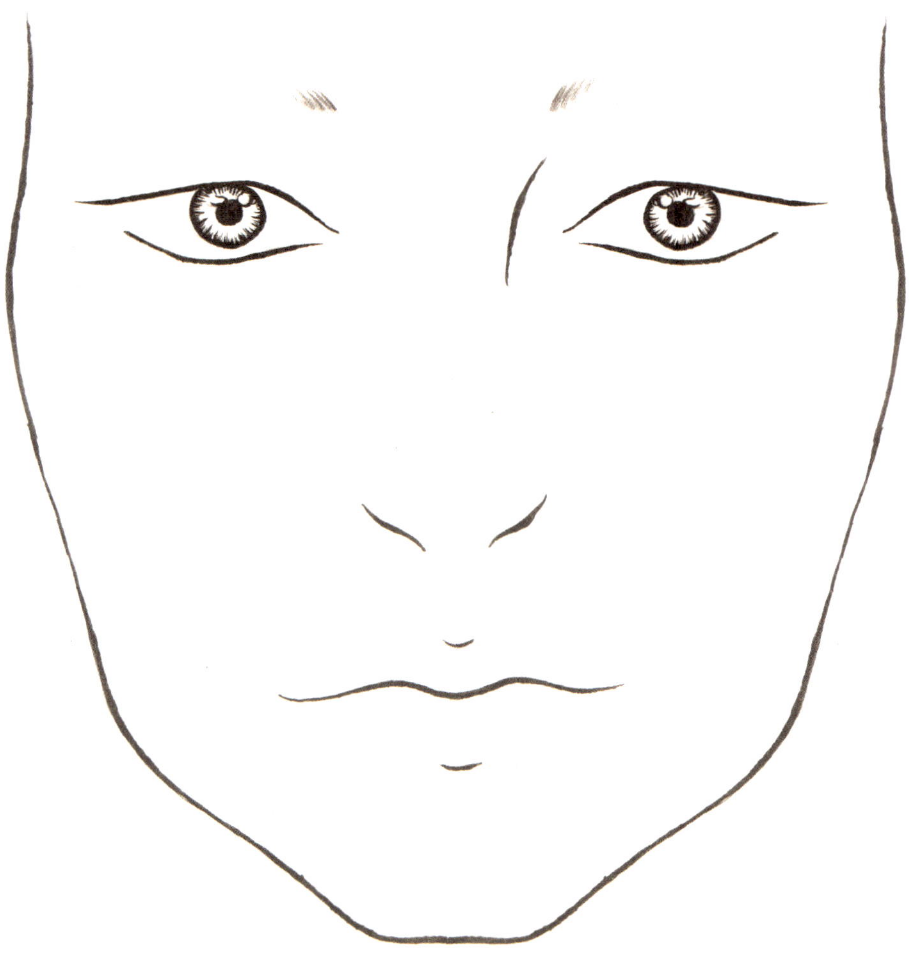

Title

Base

Eye

Blusher

Lip

Ⅳ장 아트 메이크업 디자인챠트

1. 환타지메이크업 패턴

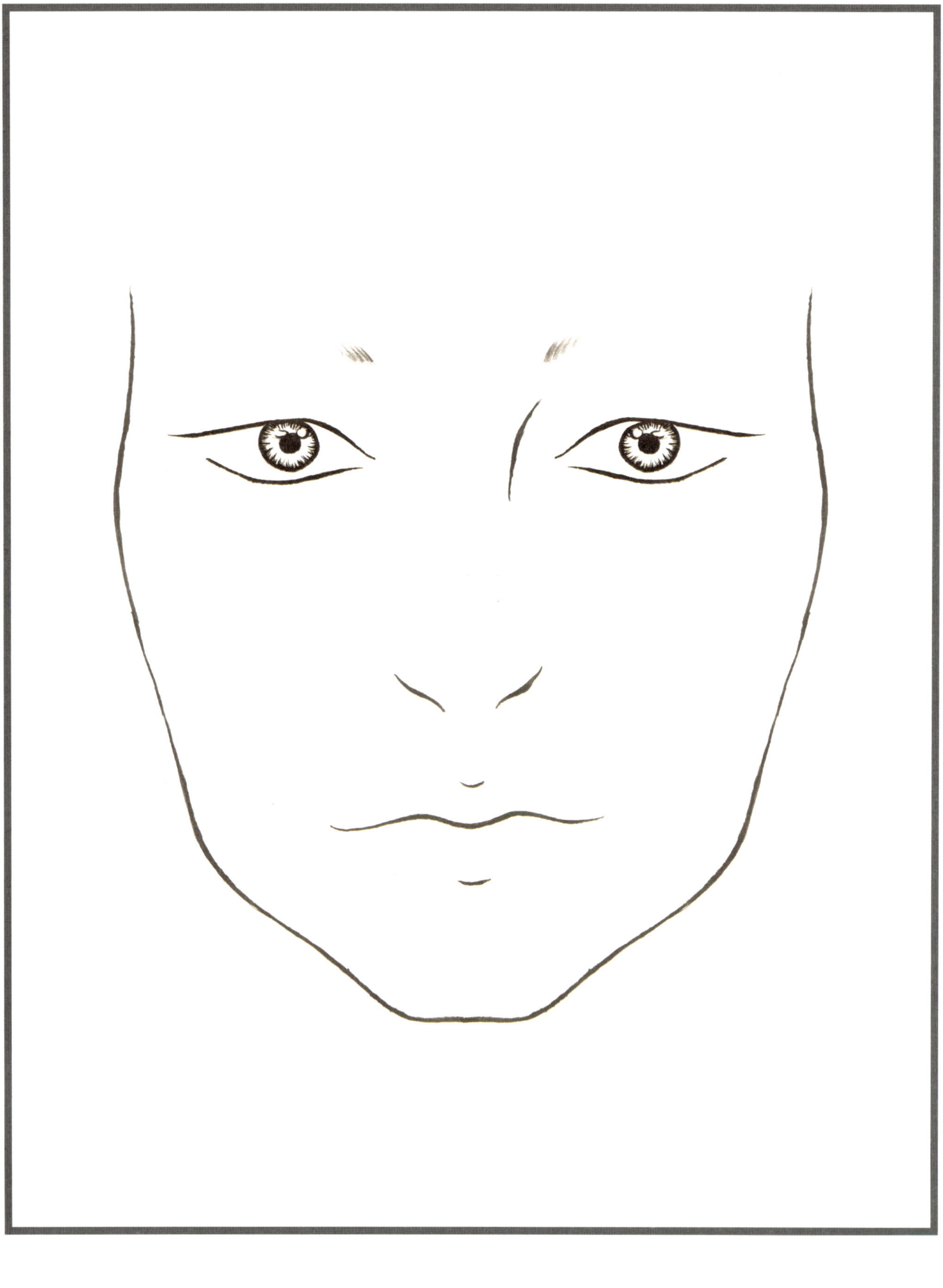

FACE CHART

Title

Base

Eyebrow

Eye

Cheek

Lip

Etc

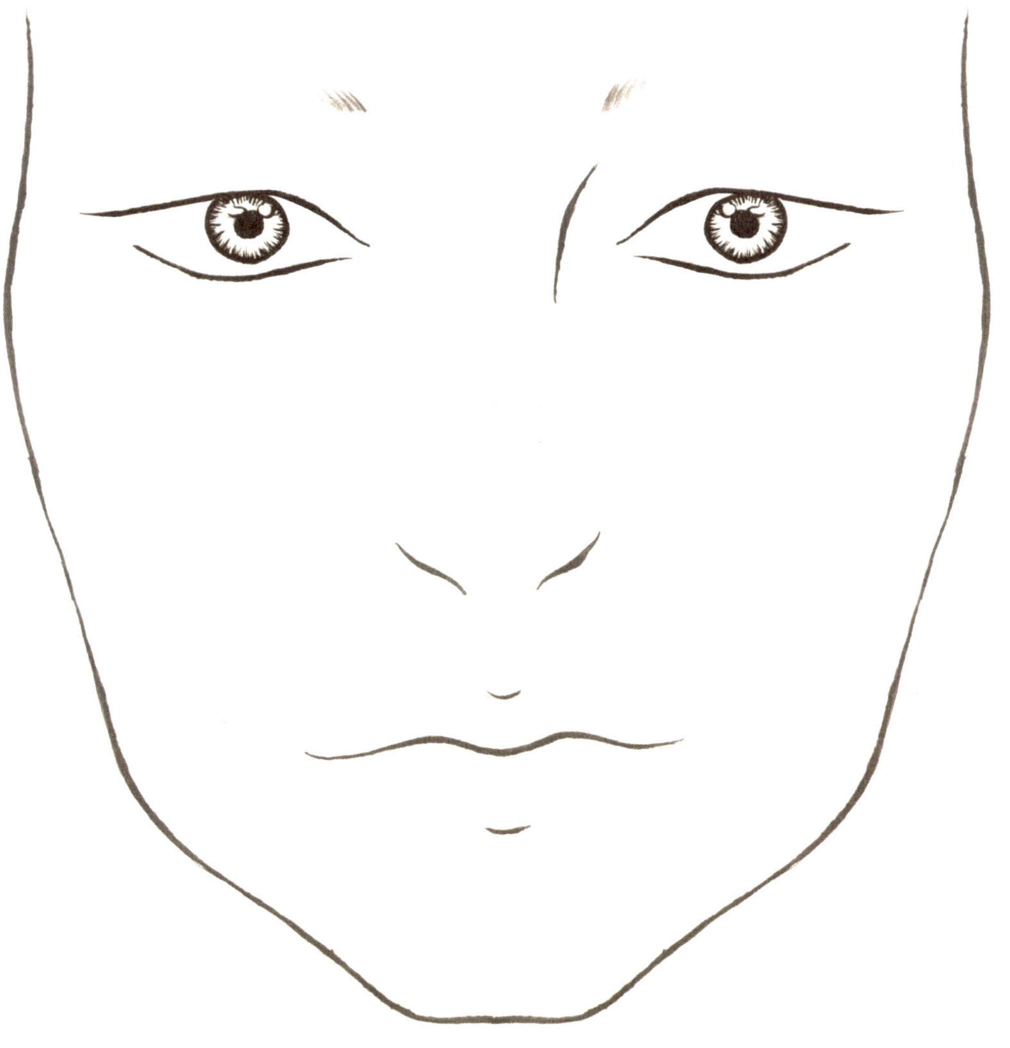

1. 환타지메이크업 패턴

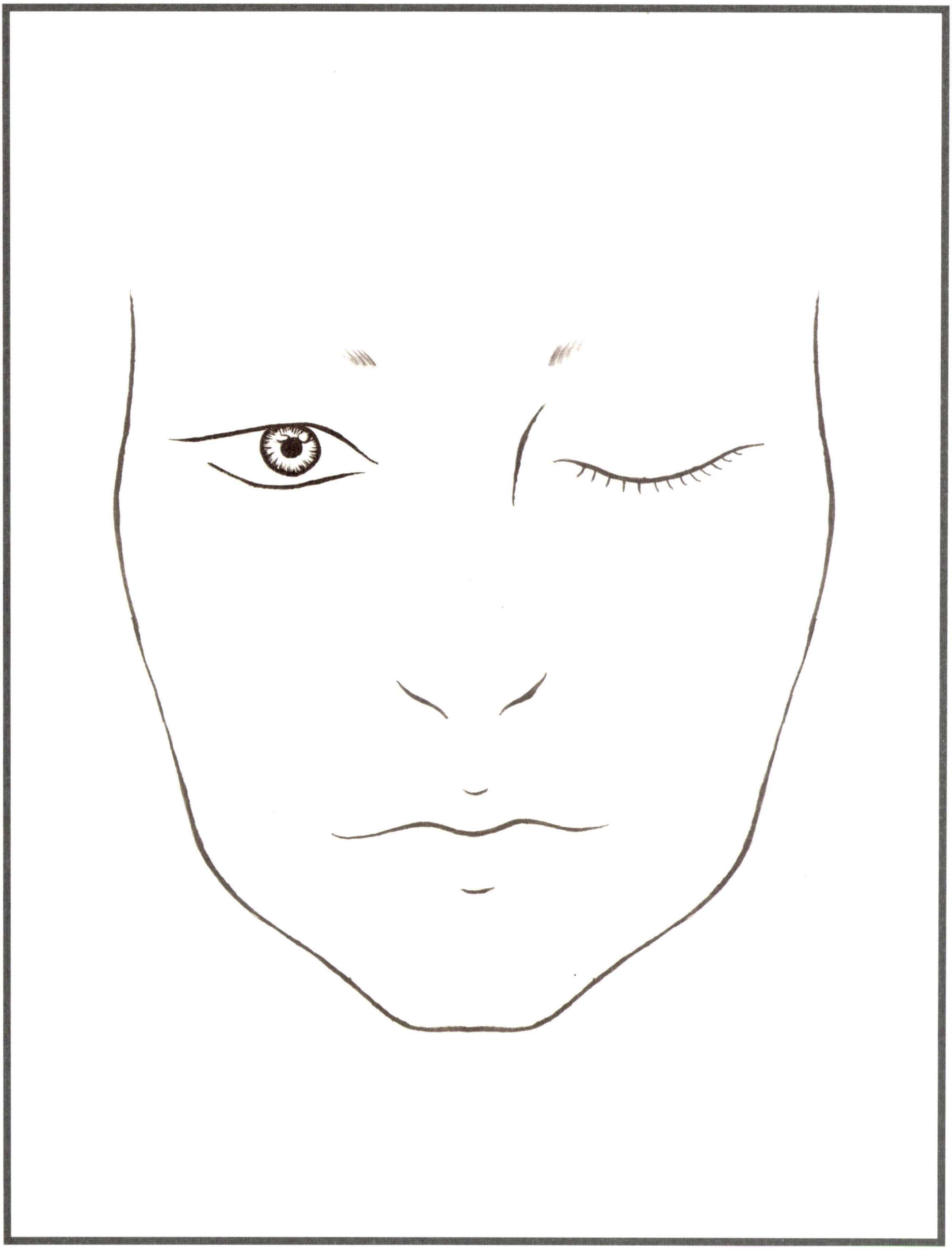

FACE CHART

Title

Base

Eyebrow

Eye

Cheek

Lip

Etc

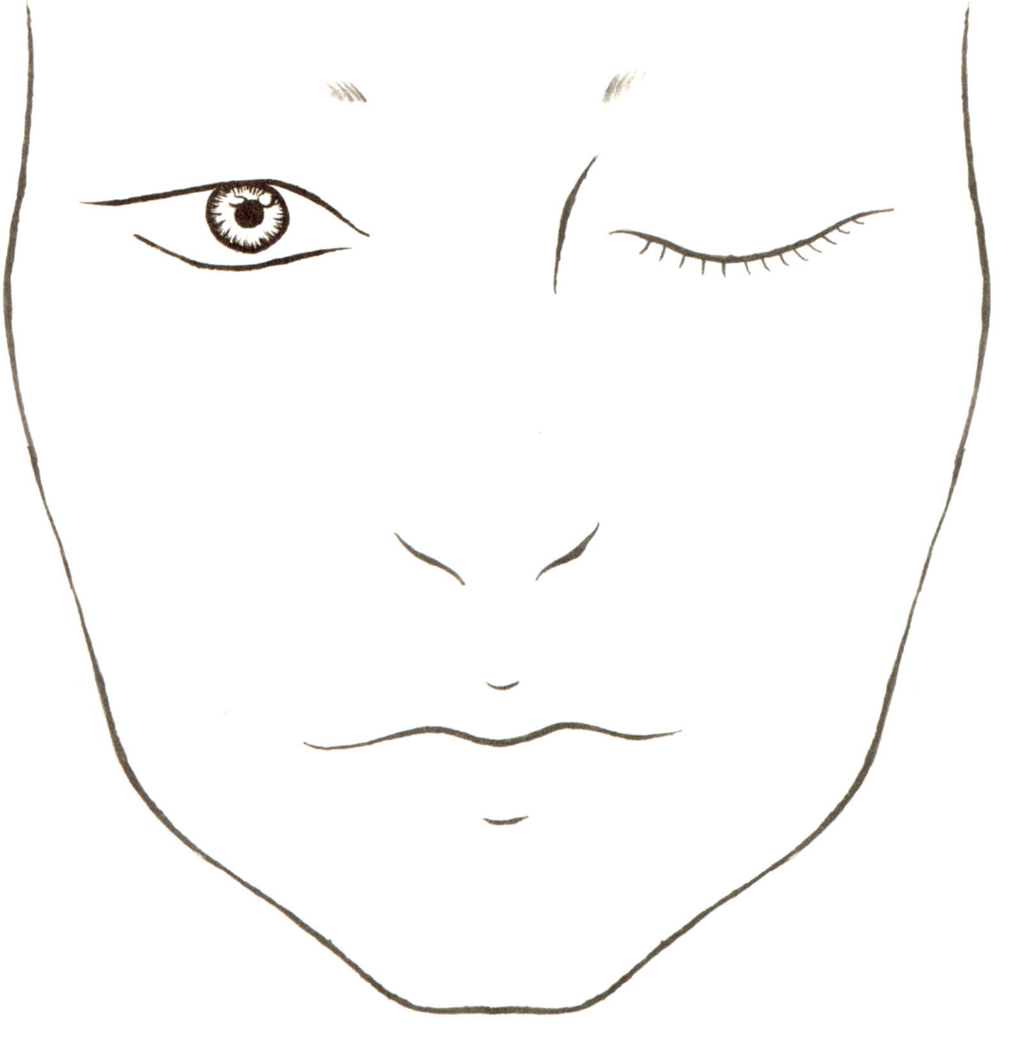

1. 환타지메이크업 패턴

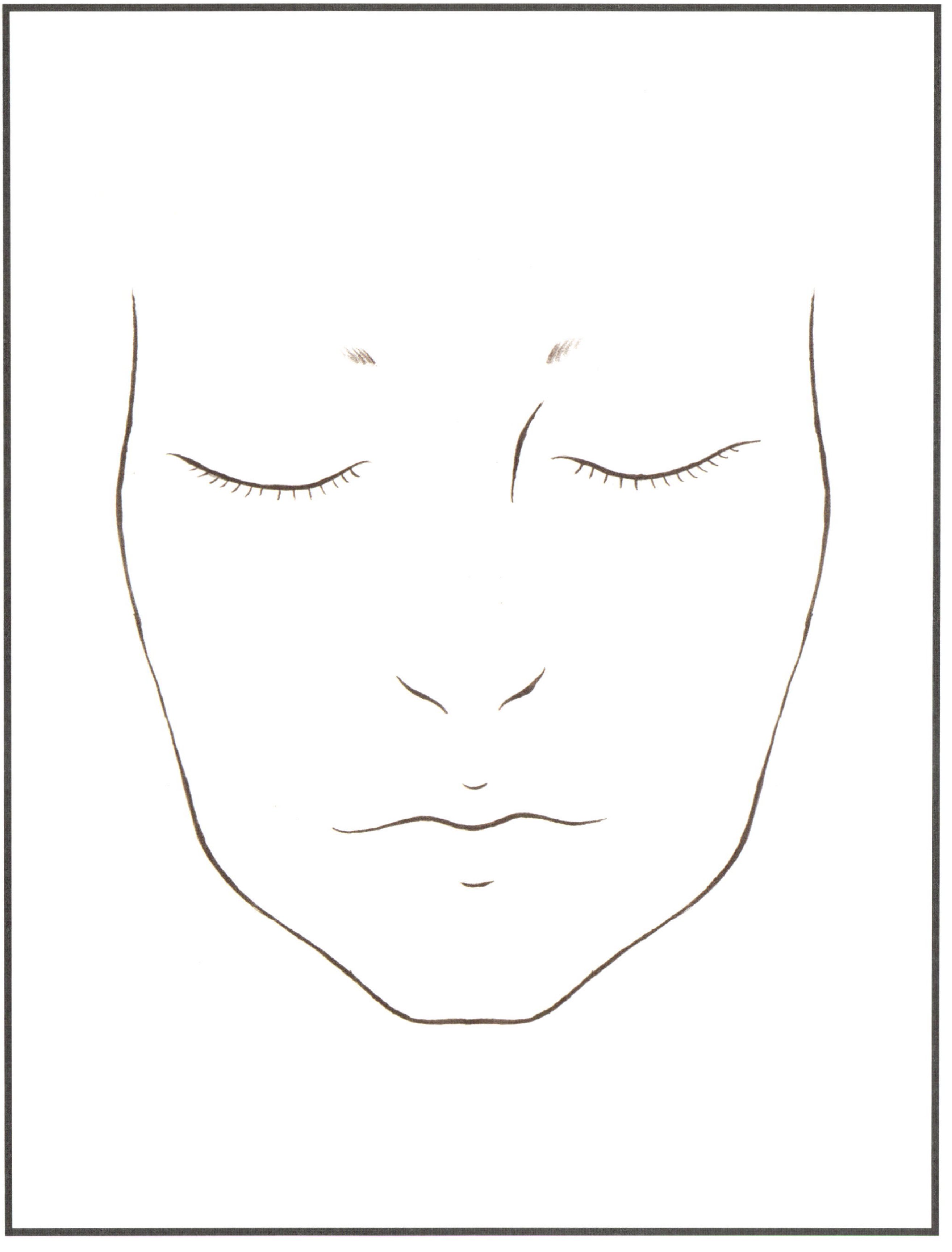

FACE CHART

Title

Base

Eyebrow

Eye

Cheek

Lip

Etc

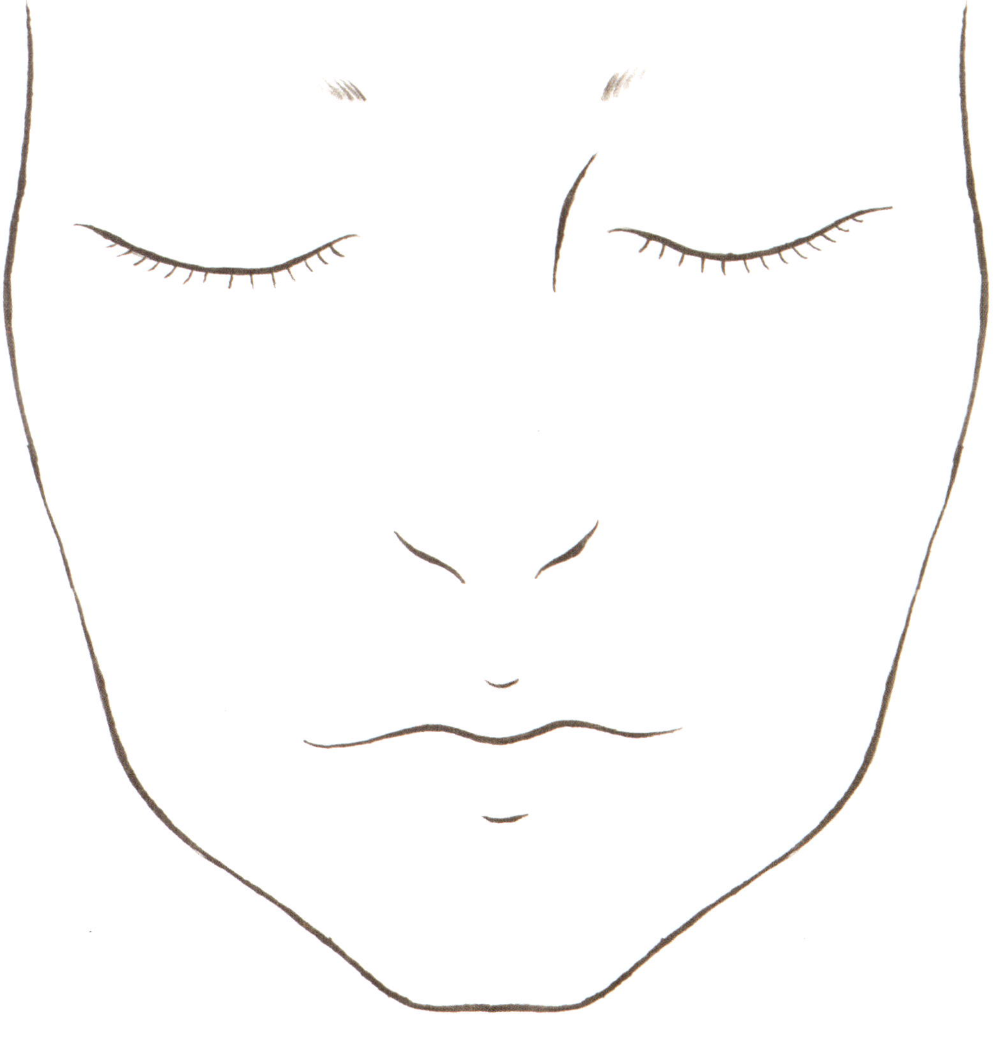

2. 아트마스크 챠트

FACE CHART

Title

Base

Eyebrow

Eye

Cheek

Lip

Etc

3. 바디페인팅 패턴

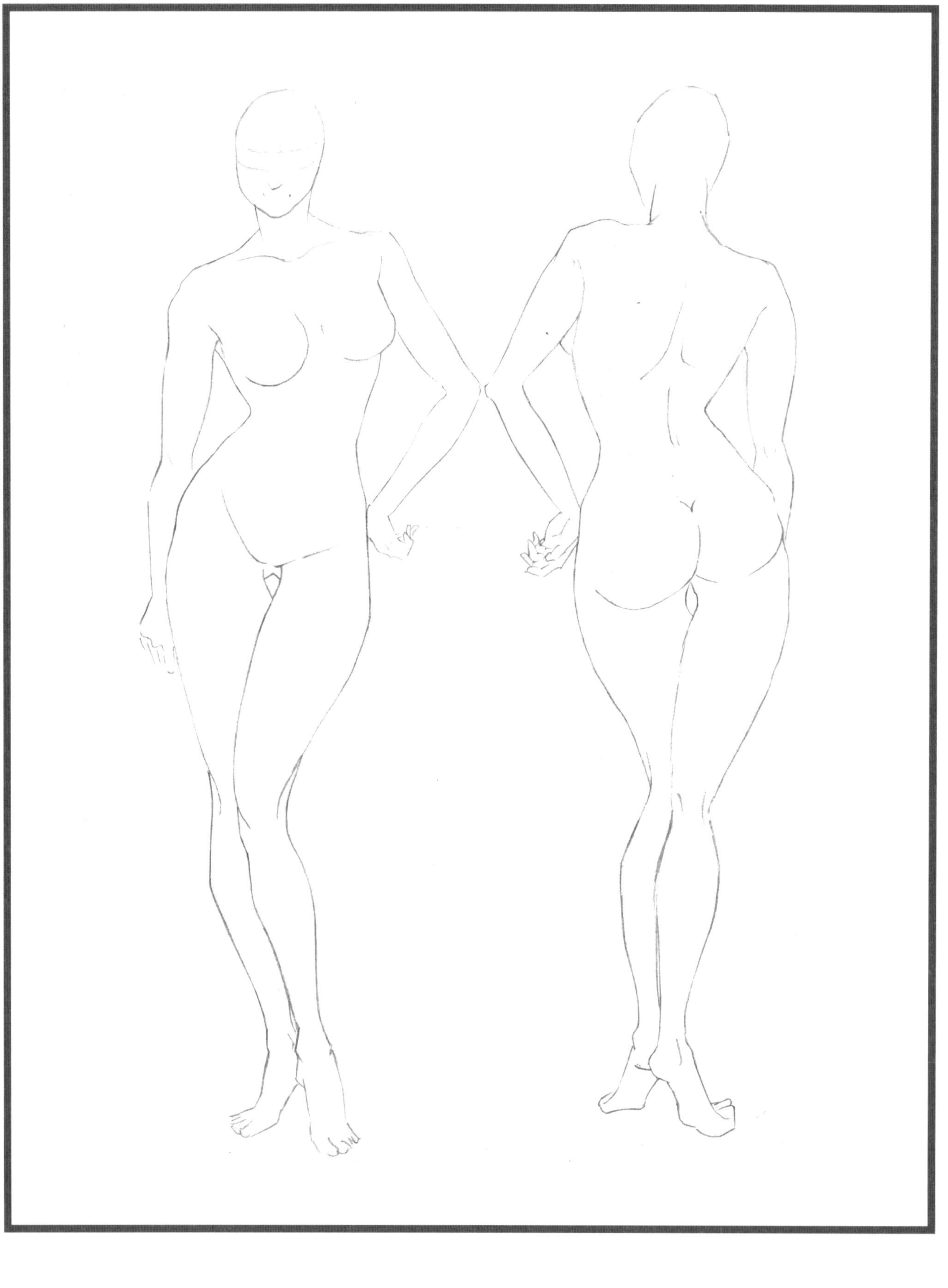

3. 바디페인팅 패턴

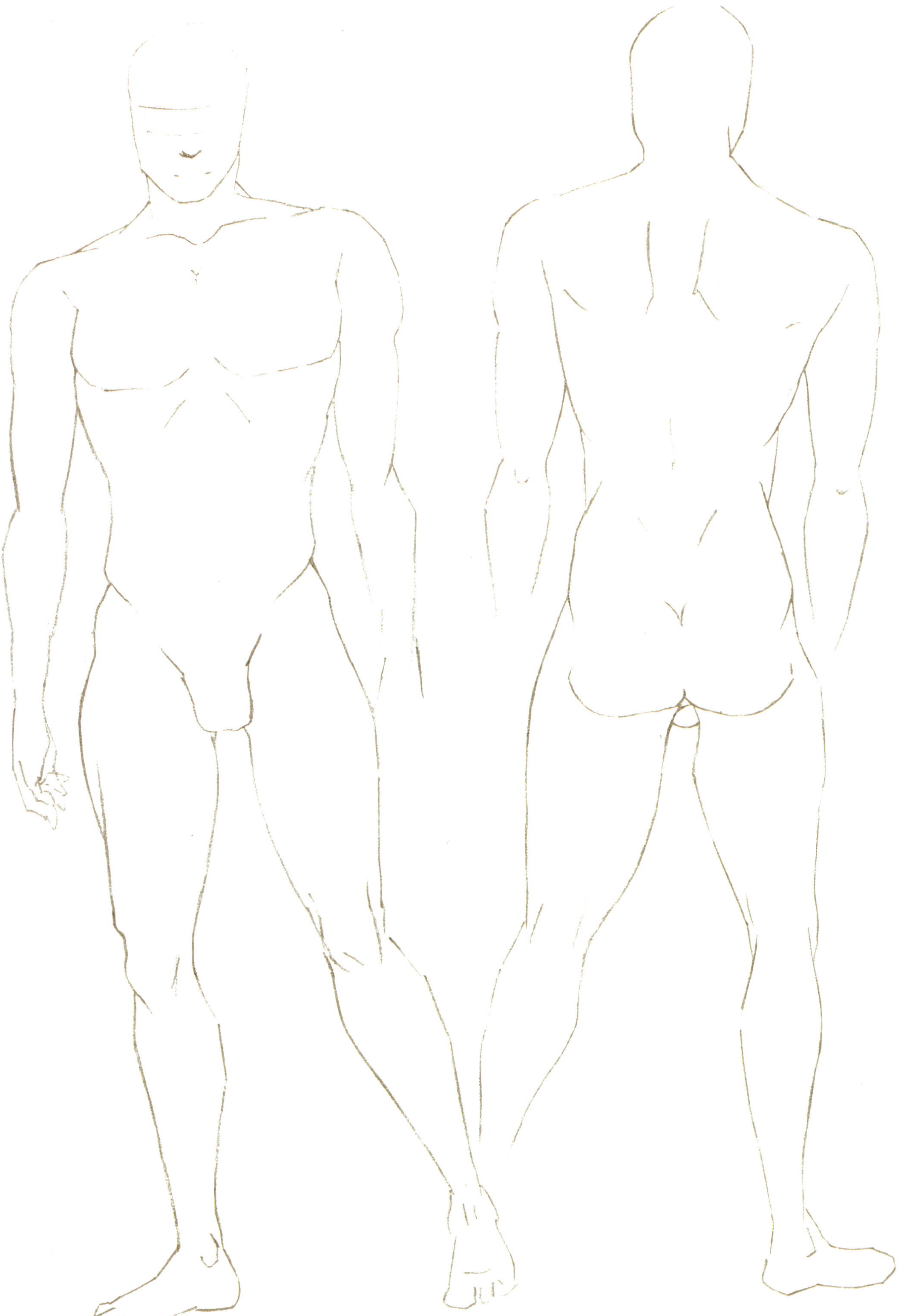

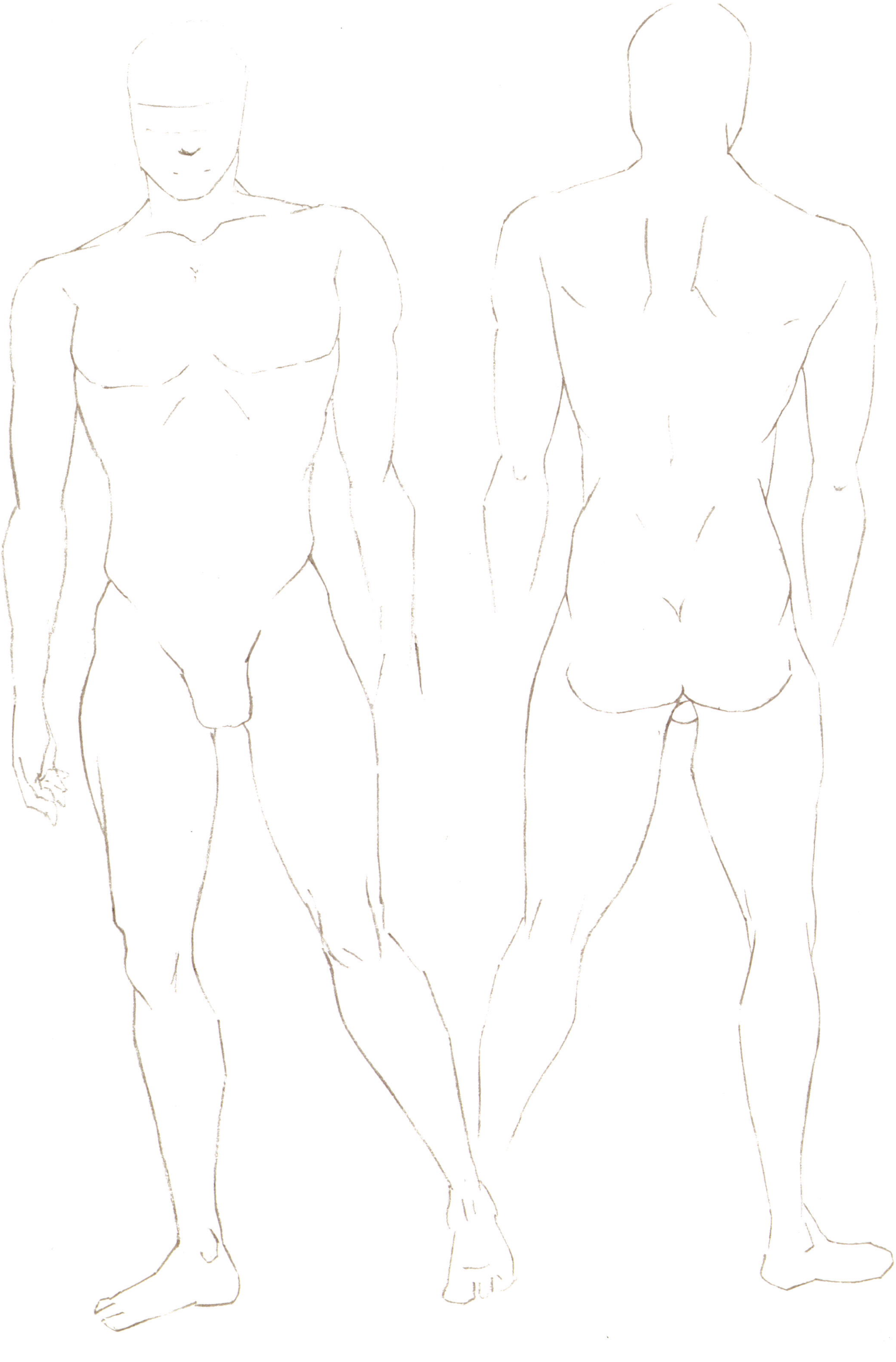

V장 페이스디자인 응용패턴

MAKE-UP WORK SEET

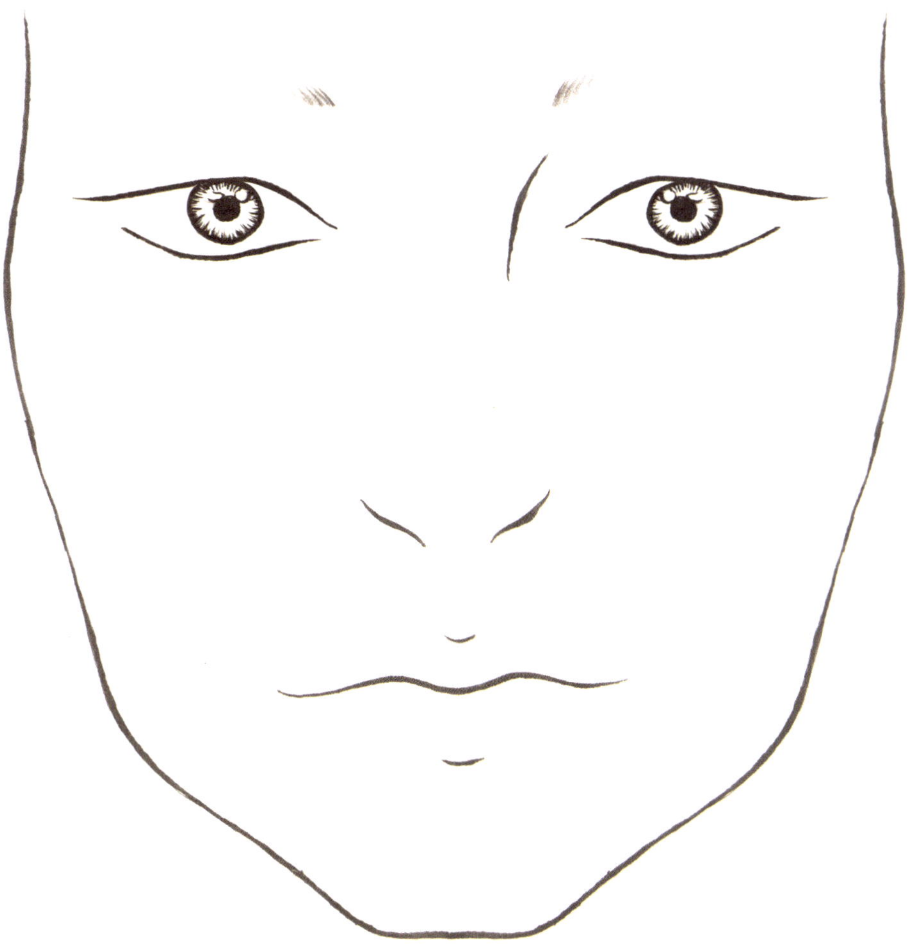

	Title
	Base
	Eye
	Blusher
	Lip

참고문헌

한국메이크업 교수협의회 〈Maquillage Pattern Book〉, 청구문화사, 2010
한명숙 〈마뀌아쥬 예술〉, 청구문화사, 1999
Alain Rustennholz. 〈Maquillage〉, 2000
한국산업인력공단 Q-net 자격정보 자료, 2022
한국메이크업 디자인학회 〈메이크업디자인실기 Pattern Book〉, 청구문화사, 2016

집필위원

한명숙(부산보건대학교)
강근영(선린대학교) 김선형(광주여자대학교) 권하나(파스칼코리아 대표) 류지원(충남도립대학교)
부애진(제주관광대학교) 이귀영(신안산대학교) 이현주(대구보건대학교) 조고미(호남대학교)
한명순(배정미래고등학교) 한인선(부산보건대학교) 홍세원(동의과학대학교)

메이크업디자인 워크북

2023년 02월 20일 초판인쇄
2023년 03월 10일 초판발행

지은이 : 한명숙·강근영·김선형·권하나·류지원·부애진·이귀영
이현주·조고미·한명순·한인선·홍세원
일러스트레이션 : 최성훈·권하나·한명숙·김예빈
편집디자인 : 이동기광고기획·청구문화사
펴낸이 : 이상태
펴낸곳 : 청구문화사
(03706) 서울특별시 서대문구 성산로11길 15
전 화 : 02-332-0541(代) FAX : 02-337-9577
등 록 : 1990년 11월 2일 제9-247호

가격 23,000원

ISBN 978-89-5616-901-9 93590